CMP BOOKS
机工IT

U0185989

人工智能
通识讲义

李楠　秦建军　李宇翔　朱丽萍 / 等著

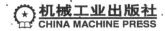

机械工业出版社
CHINA MACHINE PRESS

本书是一本人工智能的通识课教材，立足于科学性、知识性和实践性，尽量避免晦涩专业术语对阅读流畅性的影响。书中还包含数十个精心筛选的实践案例，可根据读者需要灵活选用。

全书共 5 个单元、14 章，从人工智能的发展简史讲起，以语音、图像、生活中的典型场景及伦理问题为主要知识载体，聚焦问题，深入浅出地引出人工智能的基本思想、主要原理、知识概念、典型应用实践等。

本书配有大量多媒体资源，如微课视频、实践活动所需各类素材（图像素材原文件、代码、活动案例网站地址、音频文件，部分插图的彩色图像文件）。音视频资源可在正文中扫描二维码获得，其他资源可扫描封底二维码获取电子资源包。为了配合教学，本书还配有授课用PPT，可在机工教育网站（www.cmpedu.com）获取或联系编辑（微信：18515977506，电话：010-88379753）获取。

本书中的 Python 编程实例推荐使用 Anaconda 和 PyCharm 软件环境，安装和配置流程详见电子资源包中的说明文档或扫描附录中的二维码观看视频。

本书可作为本科阶段的通识教育教材或职业院校的专业教材，还可作为青少年课外科普读物和中学信息科技等学科的辅助教材、相关培训教材和科学素质提升读本。

图书在版编目（CIP）数据

人工智能通识讲义 / 李楠等编著 . —北京：机械工业出版社，2022.4
（2025.1 重印）
ISBN 978-7-111-70496-6

Ⅰ . ①人… Ⅱ . ①李… Ⅲ . ①人工智能－普及读物 Ⅳ . ① TP18-49

中国版本图书馆 CIP 数据核字（2022）第 056491 号

机械工业出版社（北京市百万庄大街22号　邮政编码 100037）
策划编辑：李馨馨　责任编辑：李馨馨
责任校对：李　伟　责任印制：单爱军
北京虎彩文化传播有限公司印刷
2025年1月第1版第5次印刷
184mm×240mm · 13.75印张 · 225千字
标准书号：ISBN 978–7–111–70496–6
定价：69.80元

电话服务　　　　　　　　网络服务
客服电话：010-88361066　机 工 官 网：www.cmpbook.com
　　　　　010-88379833　机 工 官 博：weibo.com/cmp1952
　　　　　010-68326294　金 书 网：www.golden-book.com
封底无防伪标均为盗版　机工教育服务网：www.cmpedu.com

本 书 编 委

李　楠　秦建军　李宇翔　朱丽萍　曹　健　崔艳丽

李海花　李　卓　刘承荣　刘俊荣　马福贵　马　欣

孟　圆　秦　童　史雪松　孙茂琳　田英杰　王振强

杨　芳　于　靖　张晓蕾　赵莹莹　周若华

前言

撰写初衷

目前，新一代人工智能（AI）技术处于爆发期之后的深化期，各行业都需要大量的具备 AI 技术素养的专业人才，人们的日常生活已经和 AI 息息相关，几乎每天都会和它打交道。与其他技术显著不同的是，AI 会通过"学习"帮我们做出偏好选择和决定，一些不良的 AI 程序还在尝试收集我们的隐私，如果对它一无所知是非常可怕的。具备一些认知和鉴别 AI 的信息意识、了解代表性 AI 技术原理与实现的计算思维、掌握简单的 AI 案例的数字化实现手段、识别生活中 AI 技术的两面性、肩负起构建和谐信息社会的责任，应该成为青少年的基本信息素养。因此，人工智能教育不应局限于高等教育，相关科技的了解和普及教育应该从青少年开始。

科技兴则民族兴，科技强则国家强。党的二十大报告指出，必须坚持科技是第一生产力、人才是第一资源、创新是第一动力，深入实施科教兴国战略、人才强国战略、创新驱动发展战略，开辟发展新领域新赛道，不断塑造发展新动能新优势。

随着人工智能应用的遍地开花，我国已将人工智能作为赢得全球科技竞争主动权的重要战略抓手，不断进行深化研究，近年来我国人工智能原创优秀成果以及与传统文化结合而产生的交叉研究成果也在不断涌现，并成为我们国家科技飞速发展的一个重要标志。因此，我们迫切需要有更多面向青少年的人工智能书籍，在传播知识的同时能够帮助他们建立文化自信、培养家国情怀、激发工匠精神，为未来培养更多人工智能应用和国家建设科技强国的生力军。

本书特色

本书定位为面向青少年的 AI 知识科普读物和入门教材，书中并未详细介绍人工智能的学术体系，而是希望通过案例来激发学习 AI 的好奇心和同理心，将内容聚焦到语音、视觉、生活中的 AI 和 AI 伦理四方面，也是日常生活中接触使用最多、迫切需要去了解。本书立足于青少年学生能读懂、有关科任教师能讲透、案例易于上手实践和理解，再根据趣味性、科学性、知识性和实践性来组织各章节内容。

主要特点如下：

（1）本书采用图文并茂的写作方式，没有大段公式和大篇幅理论知识论述，符合目标群体认知特点。

（2）本书仅介绍了人工智能专业的必要概念，避免了概念过多且难以理解对读者群体造成困惑。

（3）全书内容不需要读者具备线性代数和概率论等专业知识，专业术语也经过反复斟酌，尽量用浅显、通俗的语言来解释。

（4）本书采用固定体例的方式，包括学习启航、知识讲堂、拓展阅读、活动实践、课后练习等栏目，符合教师的教学和青少年的阅读习惯。

（5）本书强调理论与实践相结合，精心筛选和设计了数十个难度不同的实践案例，可以供不同读者灵活选用，多数案例可扫描二维码观看操作视频。

（6）本书多处探讨了 AI 可能带来的隐私泄露、技术滥用等问题，还特别设置了人工智能伦理章节，以增强青少年对 AI 的思辨能力和信息安全意识。

（7）书中对一些知识点做了适当延伸，如鸟类识别、深度学习等，与其他内容是一个有机的整体，如果完整地学下来并不难理解。

（8）本书特别设计了人工智能与文学、艺术等交叉的新兴内容，能向读者有效传递文化自信，提升读者全方位素养。

本书使用

本书按照单元和章节的方式进行组织，单元内部各章节的内容有序而又独立，形成章节内部的逻辑主线。本书的结构体系侧重于面向问题而不是知识点，每个章节从 AI 应用中的具体话题引出，同一个单元的章节之间又前后呼应。作为科普读物，读者既可以通篇阅读，也可以按照章节独立阅读。教师作为教学参考书时，既可以按顺序使用，也可以根据教学需要选择不同单元的内容。

本书中的实践案例以及思考讨论题目有助于学习和掌握相关知识，还可以通过扫描二维码观看主要实践案例的操作视频，大部分章节都有思考或练习题，教师可根据需要选用或拓展。本书涉及的编程软件，读者可以按需下载和配置使用，少量案例需要额外的硬件支持，一般性的学习可跳过，这不影响书籍阅读的整体性。如作为职业院校的教材或期望掌握 AI 编程技术的同学使用，建议多尝试基于 Python 编程的案例。

编写团队

本书的编写团队包括人工智能领域专家、专业研究学者、教研人员、一线中学骨干教师、职业院校科任教师、专业科普人员和技术开发人员等。领域专家熟悉人工智能的历史脉络及学科知识体系，确保知识内容的科学性及严谨性。教研人员了解代表性青少年群体的信息科技知识水平、兴趣点及迫切需要了解的内容。中学和职业院校教师具有丰富的教学经验，了解青少年的认知水平和认知习惯，了解其基础知识体系构成，使得书籍行文充分符合青少年教材和参考书的特点。专业科普人员则熟悉教学和科普的差异，对知识点的讲解和呈现形式做了专门的设计。技术开发人员根据操作简便的原则专门开发了配套的软件，并对编程案例设计进行了测试和优化。

本书配套资源和获取方式

本书配有大量多媒体资源，如微课视频、实践活动所需各类素材（图像素材原文件、代码、活动案例网站地址、音频文件，部分插图的彩色图像文件）。音视频资源可在正文中扫描二维码获得，其他资源可扫描封底二维码获取电子资源包。

本书中的 Python 编程实例推荐使用 Anaconda 和 PyCharm 软件环境，安装和配置流程详见电子资源包中的说明文档或扫描附录中的二维码观看视频。

为了配合教学，本书还配有授课用 PPT，可在机工教育网站（www.cmpedu.com）获取或联系编辑（微信：13146070618，电话：010-88379739）获取。

特别致谢

感谢北京市教育科学研究院基础教育教学研究中心、北京市东城区教育科学研究院、北京建筑大学、北京工商大学等单位在本书撰写过程给予的大力支持与指导。感谢北京市大兴区科学技术协会对本书出版和科普试用给予的大力支持。感谢北京智教未来科技有限公司、天津市大然科技有限公司等单位组织技术人员专门研制"塔罗斯＋"软件，并对相关实例进行了开发和测试。

特别感谢中国科学院计算技术研究所研究员、中国计算机学会秘书长唐卫清老师在本书书稿成型过程中给予的指导。唐老师的指导意见中肯、专业、深入且富有启发，对本书最终成型起到了关键作用。

由于作者水平有限，书中难免有错误或疏漏之处，敬请广大读者批评指正。

作者

目录

第 3 单元　图像处理与识别

第 4 单元　生活中的人工智能

第 5 单元　人工智能伦理

附　录

第 1 单元

导　论

第1章 走进人工智能

人工智能（Artificial Intelligence，AI）一词对多数读者们来说并不陌生，它们经常在科幻小说或电影中出现，今天已经走进了我们的生活。你能说出生活中都有哪些地方用到了人工智能技术吗？人工智能可以合成出我的声音吗？智能音箱为什么能够和你对话？机器眼中的世界和我看到的有什么不一样？人工智能已经聪明到可以识别任何物品吗？人工智能能够感受你脸上的情绪吗？人工智能可以进行艺术创作吗？自动驾驶会代替人类司机吗？在人工智能面前我又该如何提防信息隐私泄露？

本书将从生活中五光十色的人工智能应用讲起，一点一滴地将同学们引入人工智能技术的世界。

【学习起航】

1. 识别生活中的人工智能技术。
2. 了解人工智能的典型应用。
3. 了解人工智能技术可能的风险。

一、人工智能的由来

人类从什么时候开始思考机器是否可以像人类一样思考呢，这就要从 20 世纪上半叶谈起了，最需要被提及的是被誉为"计算机之父"和"人工智能之父"的阿兰·图灵。时间可追溯到 1939 年，第二次世界大战期间，英国情报中心召集了包括图灵在内的很多专家学者来破译德军的超级密码机——恩尼格玛。经过对恩尼格玛的研究，图灵发现这个有上万亿种可能性的密码机，通过人工的方式来破解基本是不可能的，所以最终决定制造一个更为复杂的机器，它的功能是进行复杂、快速的运算来破解密码。后来，这台机器每天可以破解上千条密码，远远超出了人们的预期。

那么，这台会计算的机器就是人工智能了吗？显然图灵不这么认为，一台不会思考的机器怎么能和我们人类平起平坐？"二战"结束以后，图灵有更多的时间来思考这个问题，

1950 年在他的论文《计算机器与智能》中，开篇的第一句话就是："机器，能思考吗？"如果一台机器能够与人类对话，而不被辨别出其机器的身份，那么这台机器就具备智能——这就是著名的"图灵测试"。

自此以后，科学家开始不断思考和探索，逐步开启了寻找"人工智能"金钥匙的道路。1956 年，美国汉诺弗小镇的达特茅斯学院中聚集了一群踌躇满志的天才，他们主要讨论机器如何来模仿智能的特征，比如，像人类一样思考、使用语言、形成抽象概念、解决人类现存的问题。这次会议被命名为"人工智能夏季研讨会"，这也是人类历史上首次正式提出"人工智能"的概念。达特茅斯会议就这样拉开了"人工智能"的序幕。

一开始，人工智能研究还只是在科学家群体里默默开展壮大，但真正能吸引公众眼球的成果并不多，当它再次回到公众视野中的时候，时间已经到了 1997 年。这一年，IBM 公司的超级计算机"深蓝"挑战国际象棋世界冠军加里·卡斯帕洛夫。虽然卡斯帕洛夫一分钟可以思考 3 步棋，但"深蓝"的记忆力更强，它存储了一百年来几乎所有顶级大师的棋谱，一秒钟可以思考两亿步棋。在最后的决胜局中，卡斯帕洛夫仅仅走了 19 步便投子认输，这场人机大战以机器完胜人类棋手而结束，人工智能顿时声名大噪。

不过当时有专家指出机器下好国际象棋容易，精通围棋却不可能，因为围棋虽然看似只有黑白两种棋子，但方寸之间的计算复杂程度比国际象棋要高得多。而深蓝就是一个记忆力特别好，计算能力特别强的"大计算器"，还算不上真正的人工智能，除了下象棋别的什么都不会，什么时候它能把围棋搞清楚，那才算真的厉害。

事实也似乎验证了上述言论，随后几年，人工智能的确无法战胜人类围棋高手，甚至人类的国际象棋高手也在和机器对弈中不断提升水平，和"深蓝"的继任者也是互有胜负，深蓝引起的轰动似乎也被人们逐渐淡忘了。时间又过去了十几年，IBM 公司又在另一个领域给我们带来惊喜，2011 年，IBM 人工智能系统"沃森"决定向北美热播的智力问答节目《危险边缘》宣战，能从节目中胜出的都是上知天文下知地理的学霸级人物，很多人并不看好"沃森"，因为智力竞赛和下象棋不同，"沃森"的大脑中虽然已经输入全套百科全书和数百万份的资料，强大的处理器由 90 台服务器和 360 个计算机芯片驱动，但是问题的难点并不是存储丰富知识和快速的检索，更重要的是需要让"沃森"像人类一样理解出题者的问话。于是，"沃森"像人一样疯狂的"训练"，通过 155 场模拟赛、8000 次以上实验，"沃森"在挑战两位史上获得奖金最多的人类选手时，再一次完胜。

这一下，人工智能再次名声大噪，如果"沃森"仅仅是一本会说话的百科全书，那还没什么了不起，关键是它已经能部分地"理解"我们人类所提出的问题了，无论机器和人类理解语言的技术和原理是否相同，但至少从效果来看，"沃森"已经有了一点模拟人类智能的影子。

历史之钟好像被调快了一样，仅仅5年后的2016年，世界顶尖围棋高手李世石九段接受了谷歌人工智能机器人"AlphaGo"的挑战。围棋的棋局变化多达10^{172}，不夸张地说围棋的走法比宇宙中所有物质的原子数还多。但是与"深蓝"不同的是，"AlphaGo"不能仅仅依靠"蛮力"的编程去复现人类棋手的策略，也不可能将所有走法的可能性都存储起来，我们所应用的是允许机器被训练，并不断学习成长的算法，这个算法就是大名鼎鼎的"深度学习"。在第二局37手"AlphaGo"走出了天马行空的一幕，让很多围观的人寒毛直竖，这一步棋让李世石整整想了15分钟，但已经回天无力了，最终"AlphaGo"完胜人类代表李世石。我们在"AlphaGo"身上仿佛已经初步看到人类的很多特质，比如创造力、直觉和复杂的思考。

1年后，"AlphaGo"的升级版"AlphaZero"再次击败了中国的围棋大师柯洁，这实际上标志着在围棋这个领域，人类已经无需再去挑战顶级的人工智能了，很快，人工智能的围棋水平将会把人类远抛在后。人类依然会享受人人对弈、智力碰撞的精彩和乐趣，而人工智能也不会局限于棋类游戏领域的小小成就，而是向更广阔的领域攻城拔寨。

如果要问"沃森"和"AlphaGo"到底算不算人工智能，答案当然是肯定的，但是如果要问它们是不是拥有我们人类一样或者类似的智力，这就很难讲，因为人类自身的智慧奥秘也还没有被完全揭开。关于智能，我们尚没有办法给出一个人人都信服的权威定义，对于人工智能也是如此。但我们也不必过于纠结，因为在探索终极智慧的道路上而不断壮大的人工智能技术和应用已经走向了人类社会的每个角落。

二、真假难辨的人工智能

在我们的生活中，很多物品都被冠以"智能"的名号，例如智能手机、智能手表、智能音箱、智能洗衣机等。它们真的智能吗？它们的"智能"有技术高下之分吗？其实，以智能手机为例，最早的智能手机就是用户可以自行安装应用程序，功能较多，具有一定扩展性的手机，以现在的眼光来看，它们还算不上智能。再看看现在的手机，不但可以安装各类软件，还具备很多人工智能的独有特征。例如，手机中有很多传感器，除了麦克风等模仿人类的听觉以外，还有温度传感器和压力传感器能模仿我们的触觉，有一个或者多个摄像头来给手机赋予视觉，拥有电子陀螺仪来模仿人类的平衡感。再加上各种具备人工智能技术的软件的支持，手机不但可以通信和娱乐，还能成为一个聪明的数字助理，能够帮我们导航和规划路线，能够帮我们识别人脸和指纹，能够帮我们翻译和搜索，还能个性化地向我们推荐新闻和视频。虽然总觉得离真正的"智慧"还差了一点点，但的确已经充满不少先进的人工智能技术了。

当然，人工智能技术也是有高下之分的。以手机上的购物软件为例，如果软件只是列出货物供我们挑选，那么还算不上人工智能，但如果这个软件能够根据年龄、性别等个性化特征向我们推荐合适的商品，那么它就具备了一些人工智能的特点了，如果这个软件还能不断地学习，更深刻地分析你的购物习惯，从而推荐更贴合你心意的商品，那么这就一定是一个使用了人工智能技术的软件了。

再以人脸识别为例，如果没有人工智能技术，即便有摄像头，手机也不能识别出你就是你。有了人工智能技术，这个问题就解决了。如果这个手机还能识别出戴眼镜或戴帽子的你，这就是更先进的人工智能。如果这个手机还能够通过学习不断适应你的相貌变化，即便数年之后你已经成熟了许多，它依然能认出你，这就是非常棒的人工智能技术了。

可以看出，是否具备通过学习而自我完善的能力，是一项人工智能技术是否先进的重要标志。当然从应用角度来讲，只要一项技术模仿人类或其他智慧生物的思维或行为方式，来帮助我们解决实际问题，我们都可以将其称之为人工智能技术。

三、遍地开花的人工智能

2022 年 2 月 4 日，伴随着精彩的开幕式表演，北京冬奥拉开帷幕，北京也成为奥运百年历史上的第一座"双奥之城"。"智慧奥运"的理念贯穿着这届冬奥会的始终，例如在开幕式节目"雪花"中，国家体育场铺设的 LED 大屏系统与演员之间能够进行实时的"互动"，地面上的雪花图案会时时刻刻追随每个小演员的脚步，就像拥有生命一样，造就了美轮美奂的表演效果。这场绚丽的表演里包含了最先进的人工智能技术，例如基于计算机视觉的实时人体检测和位置追踪，采用了深度神经网络模型，仅仅通过 4 台摄像机就覆盖了全场，同时捕捉 500 多个孩子的位置，让计算机拥有了比人类还高明的"视力"，将唯美艺术和奥林匹克精神传递给世界。

目前，人工智能技术可谓遍地开花，在生活中，最成功的应用集中在语音识别、自然语言处理、计算机视觉、机器人等领域。语音识别和自然语言处理最常见的应用就是手机里的智能助手了；计算机视觉最典型的应用是门禁中的人脸识别和手机上的人脸解锁；机器人领域的典型应用有生活中常见的扫地机器人。其实很多生活中的应用都是多种人工智能技术通力协作的结果，比如智能服务机器人，既使用了计算机视觉技术观察周围环境，也使用了自然语言处理和语音识别技术来接收或者反馈人类的指令，还使用了智能控制技术来决定行走的路线。

除了这些日常的人工智能应用外，我们生活中还有许多有趣的应用。下面来看看这些应用场景背后都包含了哪些人工智能技术。

很多手机应用中都有扫一扫功能，要知道除了扫二维码 / 条码外，有时候还能扫很多其他的对象。现在京东、淘宝等应用都有扫一扫识别物品功能，可以便捷地找到相同或相似在售的商品信息，如图 1-1 所示。其实无论是相对简单的二维码，还是稍复杂的物品扫一扫，背后都用到了图像识别这一典型人工智能技术。

2020 年年初，一段利用人工智能技术修复的 100 年前老北京视频在网络上热转，如图 1-2 所示，这些视频的作者网名叫"大谷"，是出生在北京的"90 后"，他以加拿大摄影师 1920-1929 年间拍摄的老北京黑白影像为基础素材，应用人工智能技术相继完成上色、修复帧率、扩大分辨率等工作，生动再现了百年前的北京城。据估计，这段 10 分钟的视频如果是技术人员采用传统的手工逐帧修复技术，大概需要数十人持续工作几十天才能完成，但借助人工智能技术完成这段影像的修复仅用了一周时间。

马克杯

马克杯是一种杯子类型，指大柄杯子，因为马克杯的英文叫 mug，所以翻译成马克杯。马克杯是家常杯子的一种，一般用于牛奶、咖啡、茶类等热饮。西方一些国家也有用马克杯在工作休息时喝汤的习惯。杯身一般为标准圆柱形或类圆柱形，并且杯身的一侧带有把手。马克杯的把手形状通常为半环，通常材质为纯瓷、釉瓷、玻璃、不锈钢或塑料等，也有少数马克杯由天然石制成，一般价格较高。

详细>>

图 1-1 扫一扫识别物品

扫一扫看彩图

图1-2 百年前的老北京影像修复前后画面对比

我们平时使用的导航软件中有时会听到明星真人语音导航的声音（见图1-3），其实真人配音的录制并不需要太长时间，一种方式是只需要演讲者将21个声母、37个韵母、5个声调组合的不超过3000个语音全部录一次就可以了，所有的句子都可以通过这些基础语音重新合成。有些导航软件还支持将自己的声音录制成语音包，只需要在应用软件的提示下录制若干段关键语音就可以制作自己语音的导航包，过程十分有趣。

许多智能手机都支持人脸解锁，车站、校园等场所也经常碰到识别人脸的机器人，一种典型的人脸识别方法是通过面部特征点来识别，特征点的排列体现了人脸中眼睛、鼻子和嘴等比较有辨识度的局部形状，理论上特征点越多识别越精准，但对机器的运算能力和算法的设计要求也越高，图1-4所示为76个特征点的人脸标注。

有时候我们会面临特殊的人脸识别问题，比如一旦佩戴了口罩，人脸上可识别的特征点会大幅度减少，从而使得传统的人脸识别技术失效，如图1-5所示。武汉大学的科研人员开发了一个精准戴口罩软件程序，通过给公开数据集中的人脸戴上口罩，构建了1万人、50万张人脸的模拟戴口罩人脸数据集，开发的口罩遮挡人脸

图1-3 某导航软件中的语音包

识别模型，在测试数据上可达到 95％ 的识别准确率，这就说明，识别戴口罩的人，机器可以做到比人类准得多。

图 1-4　人脸识别中的特征点

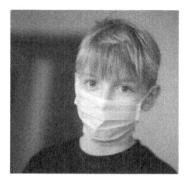

图 1-5　模拟戴口罩的人脸样本

随着人工智能技术的广泛应用，我们生活的各个领域也在发生着变化。借助于语音识别技术，近年各地的中考英语考试中纷纷加入机考环节，如人机对话、口头转述、朗读等，这些环节中的部分阅卷工作也是由人工智能完成的。这些"阅卷老师"由人工专家进行训练，并能够不断地通过学习来改善其阅卷能力。

2020 年 3 月，工信部公示了《汽车驾驶自动化分级》推荐性国家标准，意味着我国拥有了自动驾驶标准，随后长安汽车发布了国内首个 L3 级别的自动驾驶量产车型 UNI-T，该型号车辆搭载了地平线的征程二代国产芯片（见图 1-6），具备行人、车辆、车道线、交通信号等目标或路况信息的自动检测功能；另外，为了防止司机在驾驶过程中分散注意力，还有读唇语、眼神唤醒屏幕等智能感知功能。随着人工智能技术的不断发展，越来越安全便捷的自动驾驶技术将逐步走进我们的生活。

图 1-6　征程二代国产芯片图

随着人工智能应用的遍地开花，我国已将人工智能作为赢得全球科技竞争主动权的重要战略抓手，不断深入基础理论研究，支持科学家勇闯人工智能科技前沿的"无人区"，努力在人工智能发展方向和理论、方法、工具、系统等方面取得变革性、颠覆性突破。美国斯坦福大学的一份报告显示，2020 年，中国在学术期刊上有关 AI 的论文引用率占比为 20.7%，美国为 19.8%，这是中国首次高过美国。另据长期专注于数据分析的科睿唯安公司统计，自 2012 年以来，中国的 AI 论文数量为 24 万篇，美国则为 15 万篇，中国压倒性地多于美国，特别是在图像识别和生成方面，中国取得了极为优异的研究成果，这也成为我们国家科技飞速发展的一个重要标志。

四、保持反思

人工智能技术给我们的生活带来了极大便捷，但青少年更应该时刻对新技术具备反思意识，要通过学习和实践来思考人工智能技术的局限和边界在哪里，运用人工智能技术会导致哪些可能的风险，是否有人会使用人工智能技术作恶或犯罪。

早在人工智能这个科学概念诞生之前，在以科幻小说为代表的文学艺术作品中就出现了机器人、人工智慧、人造生命等概念。伴随的是大量的对这些未来技术伦理风险的批判和反思。其中最著名的思考就是美国科幻作家艾萨克·阿西莫夫 1950 年在《我，机器人》这本书中提出的机器人三定律，实际上就是对人工智能行为伦理准则的思考与尝试，明确指出了人造智慧和人类自身的关系，特别强调了人工智能不能作恶。

2018 年和 2019 年，连续发生了两起波音 737Max8 飞机故障导致的大型空难，震动了全世界。初步的调查报告表明，事故的罪魁之一很可能是该型号飞机搭载的"机动特性增强系统"，该系统是一个高度自动化装置，可以理解为一种飞机自动驾驶或者智能决策的系统，其启动逻辑由计算机而不是飞行员来判定，可能是程序逻辑设计的缺陷导致了飞机失控。虽然这个系统不能完全认为是一个人工智能系统，但的确具备了利用计算机来代替人类进行决策和控制的功能。在我们憧憬诸如"自动驾驶"这类人工智能技术带来便捷的同时，也一定要了解到不成熟的智能技术所存在的安全隐患。因此我们可以看到，所运用的人工智能技术一旦涉及人类生命安全时，一定是万分谨慎的。

还需要重点关注的是人工智能应用中的隐私保护。以智能音箱或智能手机中的智能助手应用为例，有的同学觉得这些智能助手们应该不会导致隐私的泄露，因为只有用户发出明确的指令（如呼唤智能助手的姓名）时这些音箱才会开始工作。这种认知恰恰是对语音识别技术运行的机制不了解而造成的，试想这些音箱如果不是时时刻刻在聆听周围的声音，又如何能分辨用户在呼唤它的姓名呢？可见，全面了解人工智能技术的运行模式，非常有助于同学们从小就建立起隐私保护的意识，能够有效地判断隐私泄露的风险。

另外，人工智能的局限性与负面影响也需要同学们注意。例如目前个性化的信息推荐会让用户陷入"信息茧房"，无论是阅读偏好还是购物偏好，用户喜欢什么，机器就给他推荐什么，用户的信息获取途径反而会变得狭窄，始终无法跳出自己认知的"舒适区"，机器利用用户行为数据对用户的"画像"甚至超过用户对自身的了解。学习人工智能技术的一个重要方面就是同学们充分认识这个现状，有意识地摆脱人工智能的"负面"影响。本书的目的不仅仅为了让一部分同学在未来能参与到人工智能科技活动中，也是为了让同学们能够适应未来可能出现的越来越智能的世界。

课后练习

1. 除前文介绍的例子外，你还能举出生活中其他应用人工智能技术的例子吗？

2. 你能列举出生活中的一些冠名为"智能某某"的技术或者物品其实不算是人工智能吗？

3. 以 ChatGPT 为代表的人工智能"大语言模型"再次引发了大众对人工智能的关注，并可能会在很多职业中应用，请在初步了解相关技术基础上简要分析哪些工作可能会被ChatGPT 取代。

4. 测试人工智能聊天机器人的智能化程度。请选择三种聊天机器人客服平台，根据其服务类型（如购物客服应向其提问网购相关的话题）向其提一些具体问题，并适当改变提问方式，根据机器人的回答分析其智能程度。

5. 利用本章所学内容，选择一款主流的手机 APP，分析具体的各项服务中都应用了哪些人工智能技术。

第 2 单元

语音处理与识别

第 2 章　声音的秘密——声音的本质

为了能将声音记录和保存下来，人类经历了长期的探索。1877 年的一天，发明家托马斯·爱迪生对着一个圆筒状的装置朗读了一句歌词，一句只有 8 秒钟的话立即被这个装置记录并回放出来，这就是他发明的留声机，如图 2-1 所示。这句歌词也成为世界上第一段被录下来的声音。从此人类历史进入了有声时代，从老式唱片到磁带，再到今天各种数字化设备中的声音，音频技术经历了一次又一次的技术变革，每一次的变革都是为了能更真实、更大量地存储声音。

图 2-1　爱迪生和他发明的留声机

今天，随着人工智能技术的发展，机器已经不满足于保存声音，而是朝着能够听懂和理解声音的方向不断发展和演进。

【学习起航】

1. 了解声音的记录与保存。
2. 理解模拟和数字方式存储声音的差异。
3. 掌握声音的数字化过程。

一、声音的记录与保存

声音是信息的重要载体，也是生物感知外界的重要途径。那么，人类是如何听到声音的？最早记录声音的留声机原理又是什么？

我们能够听到声音，是因为声源的振动引起空气的振动，进而引起我们的耳膜振动，传至内耳，最终通过听觉神经传送到大脑。

请你听听下面的几段声音，你能分辨出声音大致发生的场景吗？

这 4 个声音场景分别是雨滴打在雨伞上的声音、清晨清脆的闹铃声、有节

扫一扫听声音

奏的切菜声以及运动后咕嘟咕嘟的喝水声，如图 2-2 所示。我们能准确辨别这些声音的大概场景是因为我们将这些声音与大脑中的相关记忆建立了关联。

  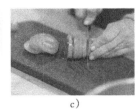 

a)　　　　　　　b)　　　　　　　c)　　　　　　　d)

图 2-2　4 个声音场景

【知识讲堂】音频场景识别

声音中载有与事件相关的信息，人可以通过声音大致判断声音发生的场景。现在，人工智能也可以做类似的事，我们称之为音频场景识别（Audio Scene Recognition，ASR）。音频场景识别是基于人工智能和大数据的技术，通过对声音进行感知和识别，判断出声音来自于什么样的生活场景或自然场景。

人理解声音是以记忆为基础的，机器要理解声音也离不开对声音的存储。

声音由振动产生，以波的形式在介质中传播。人类最早记录声音，是通过机械的方式记录声音的波形。最早的留声机原理就是用针尖轻擦急速旋转的金属箔片，当周围有声音的时候，声波通过空气传导引起金属箔片振动，针尖会将声音波形刻在金属箔片上。

【知识讲堂】模拟方式记录声音的原理

中国中央电视台的《加油！向未来》节目曾通过科学实验还原了最早的留声机。从它的工作原理可以看出，声音的记录是通过连续地记录波形来实现的，这是一种模拟录音方式，通过这种方式录制的声音清晰度不高，原因是纯机械的记录技术只能粗糙地再现波形。随着技术的发展，后来又出现了

扫一扫听声音

光学录音、磁性录音等，比如常见的话筒录音装置就是一种磁性录音设备。伴随着模拟录音技术越来越先进，对波形的记录也越来越准确，再现的声音也越来越清晰。

二、声音的数字化

20 世纪中期，人类发明了数字计算机，音频技术也逐渐从模拟进入数字记录方式。计算机是基于二进制运算规则的数字化设备，所有的信息都会转换为二进制编码。因此，要

将话筒采集到的声音输入计算机会有一个从模拟到数字的转换过程，如图2-3所示。

图 2-3 声音输入计算机

【实践活动】看"波形"，标数值

声音的数字化是将声波的连续模拟信号转换为不连续的离散数字信号。图2-4中的曲线是声波的连续模拟信号，纵向的振幅表示声音的强度，通俗地说就是声音的大小。如果将声波模拟信号以等时间距离分割，则横坐标为时间，纵坐标为瞬时声音强度。

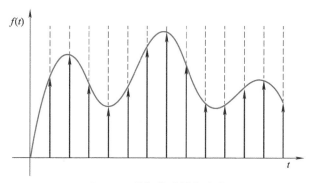

图 2-4 模拟信号的数字化

【拓展阅读】连续与离散

连续与离散这两个概念是相关联的，没有连续的概念，离散这个概念就没有意义，反之也成立。我们经常在物理或数学的学习中使用到连续的概念，比如时间，我们总是认为时间是连续的、能无穷细分的，今天的12点和12点零1秒之间，我们还可以把它分成无穷多份微小的时间段。虽然量子力学告诉我们有些物理量的取值并不是连续的，但是按照一般的理解，像时间、速度、质量这些物理量都是连续变化的。在我们目前学习的数学和物理中，也把这些物理量当成连续的，比如小明跑1000米用了3分钟，问小明每分钟能跑多少米。同学们都可以很容易地计算出来，小明每分钟能跑333.333...米，这是一个无限循环小数。但是在计算机的世界里，我们更喜欢用离散的思想处理物理量，为什么呢？

现代计算机的设计思想就是建立在二进制的基础上，而且处理数字的位数又有限制，具有天然的离散特性。况且很多计算机中存放的数据来源于各种传感器，包括麦克风、摄像头，都不能采集连续的物理量，而是以离散的方式存储的。人工智能技术是建立在当前的计算机技术之上的，因此它处理的对象也一定都是离散的。离散的物理量一个最大的特点就是会有一个精度的概念。比如说我们有一个系统的时间精度是秒，这说明它只能记录 1 秒、2 秒这样的数值，而不能记录 1.5 秒这样的小数。而相对的，另一个系统的时间精度是毫秒，虽然它们都是离散的时间系统，但后者的精度比前者要高 1000 倍。

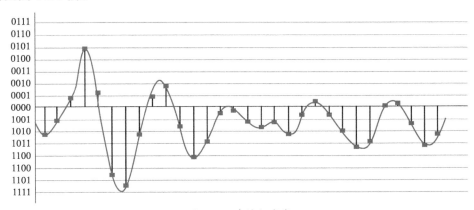

图 2-5 连续与离散

【实践活动】声音的数值

观察纵轴上的数值，这些数值是二进制，请你将这些数值转换为十进制（注意：数值的首位只表示正负，首位为 0 表示正数，首位为 1 表示负数），然后大致标出图中前 5 个点的声音数值，请填入表 2-1。

—————— 表 2-1 声音数值 ——————

	第 1 个点	第 2 个点	第 3 个点	第 4 个点	第 5 个点
二进制数值					
十进制数值					

【实践活动】录声音，看数值

用 Adobe Audition 软件录制一段声音，录制的同时你会发现屏幕上出现了"波形"，如图 2-6 所示，这些就是我们录制好的声音。有两段相同的"波形"，是左右双声道同时录音的缘故。

微课

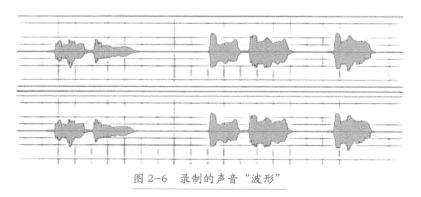

图 2-6　录制的声音"波形"

如果缩短滑轨将"波形"逐渐放大，会看到好像是"连续波形"的声音信号，如图 2-7 所示。

继续放大，会看到很多的"点"，在其中一个点上单击右键，能看到该点的采样值，如图 2-8 所示。每个点就是某一瞬时的声音信号。

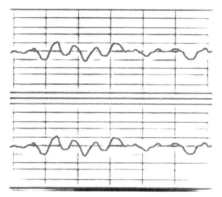

图 2-7　将声音"波形"放大后的"连续波形"声音信号

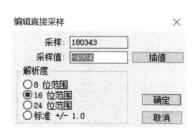

图 2-8　改变声音采样值

现在你知道了，数字化声音确实是将声波"分割"成了大量的不连续信号（也可以称为离散信号），每个信号用一个数值来表示。

三、声音的采样与存储

从上面的体验我们知道了数字化声音（见图 2-9）将声波"分割"成大量等时距、不连续的信号，你能推测数字化声音最重要的两个关键信息吗？

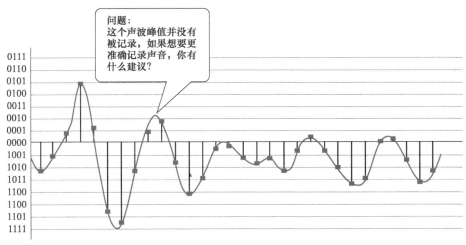

图 2-9　声音的数字化

假设下面是一段数字化声音的前 0.001 秒的"波形图"，请问：

（1）该段数字化声音每秒钟有多少个瞬时声音信号？

该段声音总共有 30 个瞬时声音信号，长度是 0.001 秒，所以每秒钟有 30×1000＝ 30000 个声音信号。就是说这段数字化声音的采样频率是 30000Hz。常见的数字化声音的采样频率是 44100Hz。

（2）每个瞬时声音信号用几位二进制表述？

在这段数字化声音中，每个瞬时声音信号用 4 位二进制来表述，我们称这段声音的量化位深是 4 位。实际上，常见的数字化声音的量化位深是 16 位，结合图 2-9 中的问题想一想量化位深增大的意义是什么。

【知识讲堂】采样定理

同学们可能会有疑惑，离散的数字化声音为什么能将声音再现得这么好？

声音记录下来再播放让我们能听到，人的听觉频率范围是 20 ～ 20000Hz。而常见录制的数字化声音的采样频率是 44100Hz。美国著名数学家、信息论创始人克劳德·香农曾提出过一个重要的原理，称为采样定理（也称香农采样定理）。这个定理告诉我们，为了不失真地恢复模拟信号，采样频率应该不小于模拟信号频谱中最高频率的 2 倍。对于人类来说，我们最关心的声音频率一般不超过 20000Hz，那么 2 倍就是 40000Hz，显然 44100Hz

的采样频率已经达到了这个要求。

【实践活动】感受数字化声音的影响因素

我们试着降低采样率和量化值，重新录制一遍刚才的声音，体验一下声音的清晰度和还原性是不是有明显的降低，录音参数设置界面如图 2-10 所示。

【知识讲堂】数字化声音采样

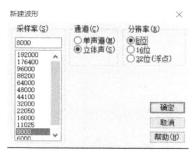

图 2-10　录音参数设置界面

要想用数字化设备保存和处理声音，需要将声音的模拟信号转换为数字信号，也就是声音数字化。声音数字化的基本方法是按照一定时间间隔采集声波模拟信号，并将其按照编码规则转换为二进制数序列。数字化声音有三个关键点，分别是：

（1）每秒采集多少个声音信号，即采样频率。采样频率越高，采样的间隔时间就越短，在单位时间内计算机得到的样本数据就越多，对波形的表示也越精确。常见的数字化音频的采样频率为 44100Hz，也就是每秒钟采集 44100 个声音信号，图 2-11 中表示了生活中常见音频的采样频率。

电视的采样频率：48000Hz　　电话的采样频率：8000Hz

图 2-11　生活中常见的采样频率

（2）每个瞬时声音信号量化为多大的数值（用多少位的二进制来表示），称为量化位深。量化位深通常是 16 位，也就是说每个瞬时声音信号用 16 位二进制来表示，这样的量化位深能较为精细地记录声音强度。

（3）编码是声音数字化的最后一步，其实声音模拟信号经过采样、量化之后已经变为数字形式，但是为了方便计算机的存储和处理，需要对它进行编码，以减少数据量。

四、声音的存储与编码压缩

从小生活在胡同的小李最喜欢听老北京清晨胡同里的声音，随着城市变迁，他们全家要搬离生活了很多年的胡同了。小李早起录制了一段长 5 分钟的数字化声音，这是一段采样频率为 44100Hz，量化值为 16 位的双声道数字音频。

如果完全不进行任何压缩，存储这段声音，需要多大的数字化空间？

每秒钟有 44100 个数字信号，每个信号用 16bit（16 位），双声道，所以每秒的数据量是 $2 \times 44100 \times 16$ bit

1 分钟的数据量是 $2 \times 44100 \times 16 \times 60$ bit

1B（字节）是 8bit（位），1 分钟的数据量转换为字节数就是 $2 \times 44100 \times 16$ bit $\times 60 \div 8 = 10584000$ B

1M=1024KB，1KB=1024B，再将结果转换为 MB，也就是 10584000B/$（1024 \times 1024）\approx$ 10MB。

5 分钟的数据量就是 50MB

通过以上的计算我们知道，如果不进行数据压缩，5 分钟的数字化音频就可能需要 50MB 的存储空间，1 小时就达到了大约 600MB。可见，数字化音频必须解决的问题是如何通过算法对声音数据进行编码压缩，从而便于存储和传输。编码压缩一般可分为有损压缩和无损压缩两种方式。

利用人耳对声波中某些频率不敏感的特性对音频数据进行编码压缩是有损压缩的一种方式，可见有损压缩确实会丢弃一些数据而不太影响人类听上去的感觉。无损压缩则不同，虽然对数据也进行了压缩，但只是用更精炼的方式来记录数据，其压缩算法使其可以百分之百地还原出所有原始数据中的信息，这是有损压缩做不到的。简言之，有损压缩会在一定程度上改变原始数据，而无损压缩则不会，相对而言，有损压缩占用的存储空间较小。

表 2-2 列出了三种常见的音频编码格式。

表 2-2　常见的音频编码格式

编码格式	特点
wav	完全不压缩，完整记录数字声音的所有二进制位信息
ape	无损压缩格式，是很多音乐发烧友喜欢听的音乐格式，压缩率约为 55%
mp3	有损压缩格式，丢弃了音频数据中对人类听觉不重要的数据，能够在对音质影响很小的情况下压缩音频数据量，压缩率能达到大约 10%

课后练习

1. 用 Audition 录制一段声音，请你将这段声音导出为 wav 格式，这个数字化声音文件的存储大小是 _____KB。结合上面的学习，请你思考这个数字化声音文件的大小是怎么计算出来的？

2. 重新导出这段声音，编码格式选择 mp3，这个数字化声音文件的存储大小是 _____KB。你能听出这两个文件的差别吗？你会选择哪个编码格式进行永久保存，为什么？

3. 关于声纹识别技术

在四大名著之一的《红楼梦》中，王熙凤的出场方式最为特别。她以"未见其人先闻其声"的方式出场，给人留下了深刻的印象。在生活中，我们有时候也会根据说话声判别一个人，因为每个人都有自己的声音特质，有的人声音高亢，有的人声音沙哑……

数字化使得大量声音的存储变得容易，也使得人类能够利用计算机强大的计算力并设计算法，分析语音波形中反映说话人生理和行为特征的语音参数，连接到计算机的声纹库，最终确定说话人的身份。这就是声纹识别，也称作说话人识别，这是一种通过声音判别说话人身份的技术。

请你分析一下，声纹识别技术有哪些应用场合？

第 3 章　倾听世界——语音识别

　　课堂上我们经常会做笔记，在生活和工作的很多场景中都需要利用笔记来记录发生的事件，比如会议记录、法庭的庭审记录等，如图 3-1 所示。一些笔记还要把现场说的所有内容即时、准确记录下来，由于记录速度快，一般需要速记员进行记录。

　　近几年，人工智能速记员开始应用在大型会议的现场，在发言人演讲的同时，他身后的大屏幕中能实时出现相对应的文字，当会议结束时，会议记录也已经记录完毕。这主要应用了语音识别技术，如图 3-1 所示，机器听到了演讲人说的话，将其自动识别并转换为文字显示在大屏幕上。

图 3-1　语音识别技术的应用

【学习起航】

1. 了解语音识别的历史和概念。

2. 掌握语音识别的过程及原理。

3. 能够分析语音识别过程的主要影响因素。

　　语音识别技术在生活中的应用非常广泛，很多手机输入法都支持语音输入，一些聊天社交软件中的说话转文字、摇一摇识别歌曲等功能都用到了人工智能中的语音识别技术，如图 3-2 所示。

a）语音输入　　　　　　　　　　　b）微信摇一摇

图 3-2　生活中常见的语音识别

一、语音识别的起源

语音识别是以语音为研究对象，通过语音信号处理和模式识别等技术让机器自动识别和理解人类口述的语言内容。换句话说就是让机器能听懂人类说话。

第一个运用语音识别的产品是 1920 年销售的名为"雷克斯"（Radio Rex）的商业玩具，如图 3-3 所示，当有人喊

图 3-3　"雷克斯"（Radio Rex）玩具

"REX"的时候，这只狗能够从底座上弹出来。但它的原理并不是通过电子设备来接收和处理语音，而是弹簧在接收到 500Hz 的声音时会自动释放。

经过分析，成年男性在说出 REX 时，声音中元音 [e] 中的第一个共振峰的频率约为 500Hz，而女性和儿童的声音不是这个频率则无法打开。

【实践活动】男生与女生的声波对比

打开 Audition 软件，让班上的一位男生和一位女生分别录制同一个短语的声音，比较一下声波的不同，图 3-4 为成年男性和女性对 REX 声音波形的对比，特别注意频率的差异。

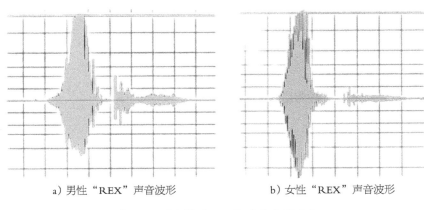

　　　a）男性"REX"声音波形　　　　　　　b）女性"REX"声音波形

图 3-4　男女性"REX"声音波形对比

1952 年，美国贝尔实验室研制了世界上第一个能识别 10 个数字英文发音的实验系统。1960 年英国研制出第一个计算机语音识别系统。大规模的语音识别研究始于 20 世纪 70 年代，并在小词汇量、孤立词的识别方面取得了实质性的进展。20 世纪 80 年代以后，语音识别研究的重点逐渐转向大词汇量、非特定人连续语音识别。换句话说，对语音识别的研究越来越接近人类实际说话的场景了。同时，语音识别在研究思路上也发生了重大变化，基于统计的思想提出了将隐性马尔可夫模型、神经网络等技术引入语音识别中。

我国的语音识别研究始于 1958 年，由中国科学院声学所利用电子管电路识别出 10 个元音。1973 年开始了计算机语音识别，1986 年，语音识别作为智能计算机系统重要组成部分而被列为专门的研究领域，我国语音识别技术进入了一个新的发展阶段。近年来，借助机器学习领域中深度学习研究的发展以及大数据语料的积累，我国的语音识别技术取得突飞猛进的发展。

【实践活动】语音导航

语音输入能解放我们的双手，比如在开车时司机会经常用到的语音导航，如图 3-5 所示。现在请你来体验一下，打开导航软件，按照如下示例尝试说出去一个目的地的不同表述。看看它是否都能给你正确导航？你还能想到其他表述形式吗？尝试一下看软件能不能识别你的意图。

"请导航到中国人民革命军事博物馆"

"导航到军事博物馆"

"去军博，请导航"

"导航到军博"

a）语音导航过程　　　　　b）语音导航结果

图 3-5　语音导航

二、语音识别的原理

人之所以能够相互听懂对方的语言，是因为对语言进行过学习。在小孩子还不会说话的时候，脑部语言区正在发育，但是会听会看，时间一长，发音、图像、意思就会匹配起来。

为了让机器能够识别我们说的话，也需要让它进行学习，这个过程称为训练，训练包括声学模型训练和语言模型训练。声学模型的任务就是描述语音的物理变化规律，而语言模型则表达了自然语言包含的语言学知识。

声学模型的目的是将声音特征提取的参数转换为有序的音素输出，简单来说就是把声音信号对应到单个文字的发音。比如你输入了一段声音"密码是1357"，声音模型通过计算得到这段声音可能性最大是"mi ma shi yi san wu qi"，但是在中文中一个发音可能对应很多不同的文字，这些文字又会串联成有意义的句子，那么具体对应什么文字或者什么句子呢？这就需要语言模型来解决了。

语言模型是用来计算一个句子出现的可能性，智能拼音输入法就用到了语言模型，打出一串拼音，输入法就会给出合适的句子，包括符合语法习惯或流行的新词。例如，你要输入"智能"，输入拼音"zhineng"，出来的可能是"只能""职能"等，但不会出来"植能"，如图 3-6 所示，这就是语言模型的功劳！一句话，语音识别中语言模型的目的就是根据声学模型输出的结果，根据组合的可能性大小给出的文字序列。

图 3-6　拼音输入法给出的词组排序

语言模型的应用能够提高识别率，减小搜索范围，智能输入法，还能记住文字输入者的特定习惯。

三、语音识别的过程

机器要想听懂人类语言的含义，首先要明白人类到底说了哪些词或者句子，这一步就是语音识别完成的内容。因为几乎所有人类的语言都对应有文字，而文字是容易编码并被计算机识别的，因此，语音识别最核心的任务就是语音转文字。

那么机器"听懂"人类的语言到底经历了怎样的过程呢？

简单来说，语音识别是一个先编码后解码的过程，如图 3-7 所示，主要包括语音信号的采样（语音输入）、采样处理、特征提取和识别语音。

1. 采样处理

信号采样就是将外界声音录制到计算机中，计算机在进行语音识别时，对输入的原始语音信号进行处理，滤除掉其中的不重要的信息以及背景噪声，再调整语音、语调的大小，这样就完成了语音识别的前期数据准备工作。

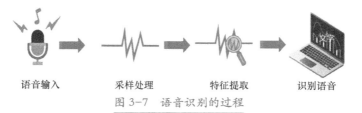

语音输入　　　采样处理　　　特征提取　　　识别语音

图 3-7　语音识别的过程

【实践活动】录音及降噪

打开 Audition 软件，录制自己的一段声音，观察说话声音与噪声在波形上的区别，并尝试降噪。

微课

（1）打开 Audition 软件，录制一句话，如图 3-8 所示。

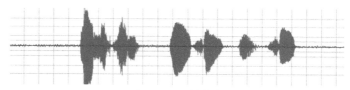

图 3-8　录制声音

（2）拖动鼠标选择一段噪声波形，在菜单中选择【效果】→【降噪/恢复】→【降噪处理】，如图 3-9 所示。

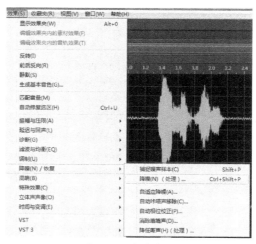

图 3-9　降噪处理

（3）单击【捕捉噪声样本】，再单击"选择完整文件"，最后单击"应用"。观察降噪过程，如图 3-10 所示。

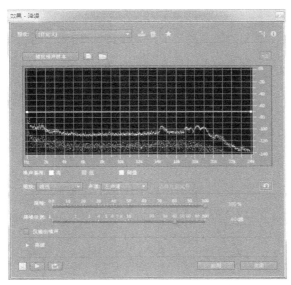

图 3-10　降噪过程

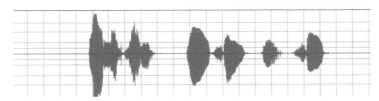

图 3-11　降噪后波形

2. 特征提取

人说话的声音是由音素组成的。音素是根据语音的自然属性划分出来的最小语音单位，依据音节里的发音动作来分析，一个动作构成一个音素。音素分为元音与辅音两大类，如汉语音节"啊（ā）"只有一个音素，"爱（ài）"有两个音素，"代（dài）"有三个音素等。因此，如果能够分辨出声音所对应的音素是什么，那就大概能够知道声音所对应的词语是什么了。

在前期准备工作完成后，接下来是特征提取，要根据每段声音的不同特征，将声音按帧切分，变成很多段声音元素，然后提取出每段声音中的特征。机器把这些特征用参数存储起来，以便识别时分析它们所对应的音素是什么。

【实践活动】音素划分

请你再次打开前面录制的语音文件，如图 3-12 所示，数数有多少个音素？

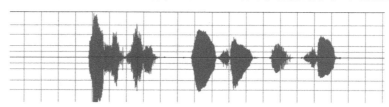

图 3-12　音素分析 语音内容：密码是 1357

3. 文字输出

在获取到声音特征之后，利用训练好的声学模型和语言模型，分别求得二者的得分，再综合这两个得分，进行候选搜索，最后就能得出语音识别的结果，并通过文字显示出来，如图 3-13 所示。

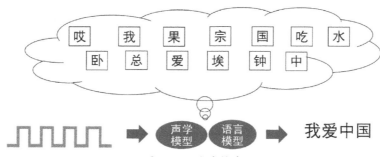

图 3-13　文字输出

语音识别的过程中还会随着上下文语义的变化，不断修改识别的结果。例如：当你说出"他是一个男孩儿"时，识别文字为"他是一个男孩儿"，如图 3-14 所示。但如果说"她是一个女孩儿"时，识别的文字中的"他"会变成"她"。

他是一个……

a）语义变化前

她是一个女孩儿……

b）语义变化后

图 3-14　语言识别的结果随上下文语义的变化

【拓展阅读】语音识别质量的评判

如何评判一个语音识别模型的好坏呢？如果由人判断很容易出现分歧，这就需要客观、定量化的评价方法。

语音识别的质量一般用词错误率（Word Error Rate，WER）和句错误率（Sentence Error Rate，SER）表示。

将识别出来的词序列和标准的词序列进行比较，需要进行替换、删除或者插入某些词的总个数，除以标准的词序列中词的总个数的百分比就是词错误率。

$$\text{WER}=\frac{S+D+I}{N} \times 100\% \qquad \text{Accuracy}=100\%-\text{WER}$$

式中，S 是需要替换的单词数；D 是需要删除的单词数；I 是需要插入的单词数；N 是单词总数。

如果一个句子有一个词识别错误，那么这个句子被认为识别错误，错误句子的总数除以总句子的个数即为句错误率。

$$\text{WER}=\frac{\text{一句话中至少有一个词错误的句子数量}}{\text{句子总数量}} \times 100\%$$

【拓展阅读】国际多通道语音分离和识别大赛

国际多通道语音分离和识别大赛（CHiME）是国际语音识别评测中的高难度比赛，始办于 2011 年，由法国计算机科学与自动化研究所等知名研究机构发起。以第五届大赛中其中一个挑战项目为例，通过 4 个麦克风阵列对 20 个真实家庭的晚餐进行中的交谈录音作为比赛数据，用来考察和测试在家庭聚会等不同场景中自由交谈风格下的远场语音识别效果。

【实践活动】计算语音识别准确率

选择一篇你刚完成的作文，选择其中的某段话，通过语音输入到计算机中，将识别出来的文本和标准文本进行对比，分别计算词错误率和句错误率。

四、声音识别的应用

实际上，人类的语音只是声音中的一小类，我们生活中和大自然界还有很多声音，如自然界的鸟鸣和动物叫声等，借助于特定的人工智能识别技术也能很好地将它们识别出来。

我们的生活中也有很多场景需要用到声音识别的，如图3-15所示。比如我们买西瓜的时候经常用手拍一拍西瓜，有经验的人通过听声音就能判断西瓜熟不熟。这种事情原来只有靠人类的经验来判断，现在也可以用声音识别技术来判断了。这一类的研究称为农产品的成熟度无损检测。另外，还有一些应用，比如平时我们在吃开心果的时候，最讨厌不开口的开心果了，希望在出厂包装的时候就将这些不开口的果实分拣出来。现在有一种技术就是通过开心果撞击铁板所发出的声音来判断它是不是开口，然后利用机械装置进行自动化分拣，效率比人手工分拣要高得多。还有玉米、小麦等农作物，都可以通过碰撞声识别分类来进行质量评价。

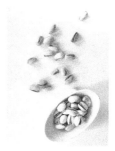

a) 开心果是否开口检测　　b) 西瓜成熟度检测　　c) 麦粒分类　　d) 玉米分类

图3-15　声音识别技术在农业生产中的应用

声音识别在工业上也有着广泛的应用。经验丰富的修车师傅能通过汽车运行时发出的声音判断出汽车哪里出了故障。现在人工智能也可以做同样的事情了。一台洗衣机或一台空调在出厂前，需要通过质量检验，这时一个人工智能系统会通过它们发出的声音来判断是否出现故障，甚至能判断出是哪种故障；一个电机或者一个水泵已经运转了很久了，我们是不是该对它们进行保养或维修了呢？这时可以通过一个人工智能系统来聆听它们发出的噪声，来预测它们剩余的寿命。这一系列的技术称为基于音频信号的故障诊断和寿命预测，这些技术目前正处于飞速发展中，在未来有望在我们生活和生产的各个领域普及应用。

【拓展阅读】闻声识鸟

鸟类是世界上种类最多的物种之一，世界上目前约有1万余种鸟类，又分为几十个目，上百个科。很久以前人类就产生了一个想法，能否根据鸟类的叫声来判断鸟的种类呢？这件事情不仅仅是很有趣，也有很多现实意义。鸟类在自然界中扮演着重要的角色，从原始雨林到乡村与城市，每一个环境中都有鸟类的存在。因此鸟的数量和种类是一个地区生态环境的晴雨表。一般来说，听鸟往往比看鸟容易，通过声音检测和分类，研究人员可以根据鸟类数量的变化推断出一个地区的环境质量。

目前较权威的鸟叫声样本网站是 xeno-canto，同学们可以从搜索引擎中找到这个网站。我们可以从该网站上下载来自世界各地的不同种类的鸟叫声。如果录下了我们周围有趣的鸟叫声，也可以上传到该网站。这些鸟叫声形成了一个很大的样本库，基于这些样本，就可以构建并训练自己的机器学习模型，来分辨不同种类的鸟叫声。

基于这些鸟叫声数据，几乎每年世界上都会有各种各样的鸟叫声识别比赛，这些比赛吸引了不少对人工智能和鸟类保护感兴趣的群体参与。例如美国康奈尔大学鸟类学实验室举办的"2020 年鸟声识别大赛"，仅在比赛公布的第一个月就吸引了 700 多个个人或代表队参加。

另外一个有名的竞赛就是每年都会举办的"声音场景和事件分类竞赛"（Challenge on Detection and Classification of Acoustic Scenes and Events，DCASE）。DCASE 包含了很多种类的声音检测任务，在 2018 年，DCASE 将鸟叫声检测也列为一个竞赛内容。

这些竞赛都是对所有人开放的，而且都提供了完善的数据集和评价标准，感兴趣的同学可以组队参加，不仅能长见识、练本领，还有机会为鸟类和自然的保护做出自己的贡献。

【实践活动】乐器声音识别器（拍手和打手指识别器）

一些乐器的声音相近，如不同的管乐器等，有时候听到一段乐器演奏的美妙音乐，但是难辨认是什么乐器演奏的，能用人工智能声音识别器识别出来更接近是什么乐器演奏的吗？

微课

项目的实践步骤如下：

（1）打开浏览器。进入"Teachable Machine（可以教的机器）"网站，如图 3-16 所示，选择【Audio Project】选项。

（2）录制背景噪声（Background Noise）。选择【Mic】选项，录制 20 秒的背景声音，并选择 Extract sample，导入音频，如图 3-17 ～图 3-19 所示。

（3）添加乐器音频。将 class1 修改为黑管，选择 ⊛ 将时间修改为 5s。录制两段音频并导入，如图 3-20 ～图 3-21 所示。

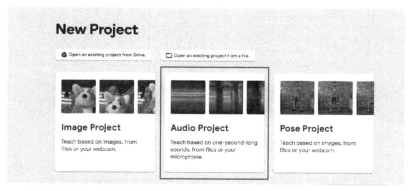

图 3-16　进入网站

图 3-17　录制背景噪声（Background Noise）

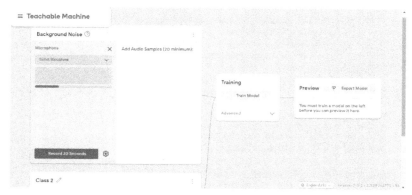

图 3-18　录制过程

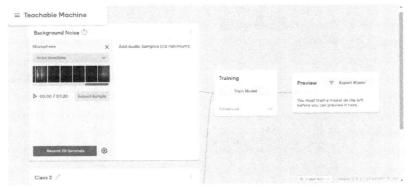

图 3-19　录制完毕

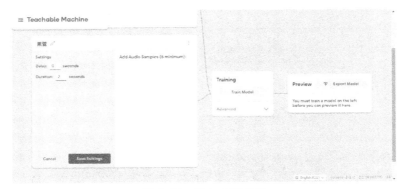

图 3-20　添加乐器音频

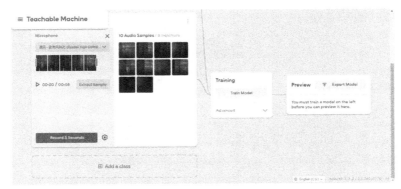

图 3-21　添加完毕

（4）添加萨克斯、长笛、圆号等乐器的音频，并单击训练模型，如图 3-22 所示。

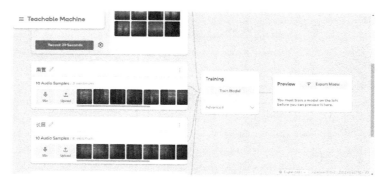

图 3-22　添加其他乐器音频

（5）实时检测声音类别，如图 3-23 所示。

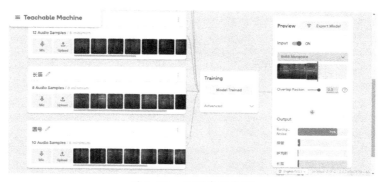

图 3-23　检测声音类别

【实践活动】编程实现语音识别

该活动案例由"塔罗斯＋"实验套件实现，软硬件的基本安装设置和使用方法见附录。

微课

完成"塔罗斯＋"的基本安装和设置后，对着麦克风说出想说的话，看看机器所说语音与你所说的语音是否一致。

（1）硬件连接。选择左侧的 ⚭ 图标，此时会显示可搜索设备的 IP 地址、电量、连接状态等信息，如图 3-24 所示。

单击【连接】下面的图标，打开【输入 ID】对话框，如图 3-25 所示。

按提示输入该设备的 MAC 地址，即可连接成功，如图 3-26 所示。

（2）音频采集。单击【音频采集】，选择【音频 录音】模块，修改文件名及时间，如图 3-27 所示。

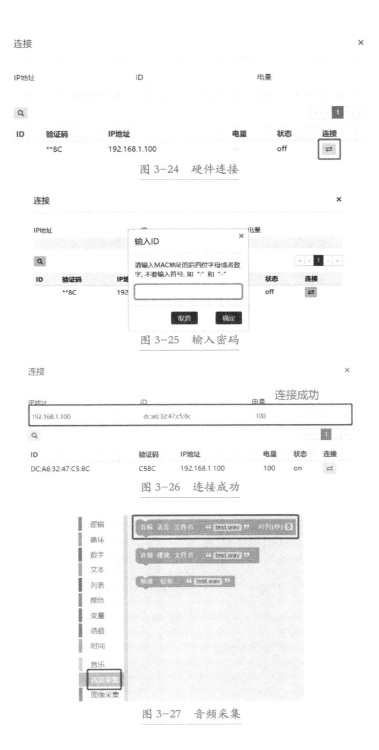

图 3-24　硬件连接

图 3-25　输入密码

图 3-26　连接成功

图 3-27　音频采集

（3）语音识别。单击【语音识别】，选择【语音识别】模块。注意：语音识别的文件名和录制视频的文件名需一致，如图 3-28 所示。

（4）显示语音识别结果。单击【语音合成】，将"合成文本"后的字符串模块删除，如图 3-29 所示。

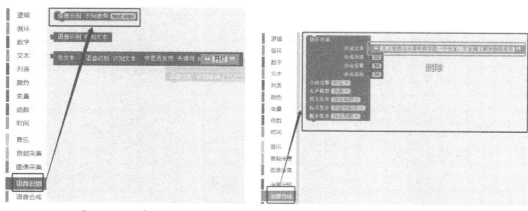

图 2-28　语音识别　　　　　　　　图 3-29　添加"语音合成"模块

单击【文本】下的"建立文本从"，此时右侧有两个空缺位，如图 3-30 所示。

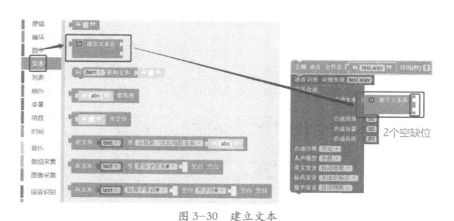

图 3-30　建立文本

第一个空缺位：增加文本"我听到您说："，如图 3-31 所示。

第二个空缺位：选择【语音识别】下的"语音识别 识别文本"，如图 3-32 所示。

（5）语音识别完整程序如图 3-33 所示。

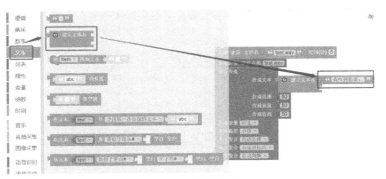

图 3-31　增加文本

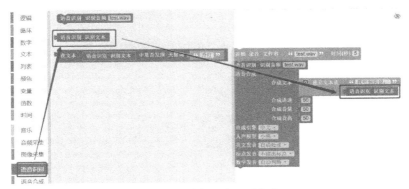

图 3-32　增加语音识别文本

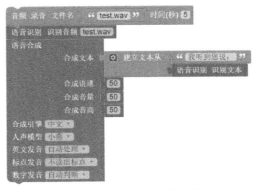

图 3-33　语音识别完整程序

【交流讨论】影响语音识别的因素

利用前面的程序做如下测试：

（1）改变说话的速度，测试语音识别的效果。

（2）改变说话的音量，测试语音识别的效果。

（3）当有其他人说话干扰时，测试语音识别的效果。

（4）说几句方言，测试语音识别的效果。

影响语音识别准确率的因素很多，如果不考虑机器性能与算法，只从语音本身来说，这些因素有背景噪声、语调、语速、音量、特定领域和主题等。

【拓展阅读】方言的语音识别

我国语言博大精深，除了普通话之外还有众多的方言。方言不仅是文化传承的活化石，而且是地方文化和民族文化的有机组成部分，具有其独特的魅力。不过，随着社会进步和人口迁移，一些方言正在逐渐消失。我们在学好普通话的同时，也有责任保护好我国的方言，让丰富的语言文化得以继承。

不同的方言需要训练不同的语音识别模式，而且还要能分辨出用户说的是哪种方言，然后再利用相应的语音识别模型进行识别。这样难度就会大很多。目前有一些语音识别平台可以识别方言，如我国的一些语音识别企业已经可以识别20余种方言，为一些不会说普通话的老年人带来便利。

【实践活动】声控灯

尝试在"塔罗斯+"中用语音控制LED灯。例如：说出"开红灯"，观察是否亮红灯；说出"开绿灯"，观察是否亮绿灯，说出"关灯"，观察是否灯灭。

微课

（1）硬件连接。

（2）音频采集。单击【音频采集】，选择【音频 录音】模块，如图3-34所示。参数有：录音文件以及录制时间。

（3）语音识别。单击【语音识别】，选择【语音识别】模块，如图3-35所示。注意：语音识别的文件名和录制视频的文件名需一致。

（4）逻辑控制。单击【逻辑】，选择【如果 执行】。点击该模块的设置图标，将"否则如果"和"否则"如图所示拖动到右侧，如图3-36所示。

（5）"开灯"条件判断。单击【语音识别】，选择【在文本 语音识别 识别文本 中是否发现 关键词】，如图3-37所示。

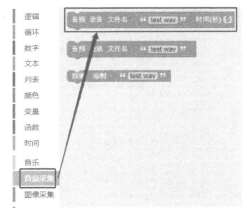

图 3-34　音频采集

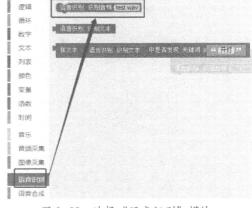

图 3-35　选择"语音识别"模块

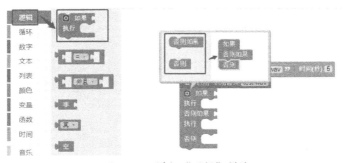

图 3-36　增加"逻辑"模块

图 3-37　开灯判断条件

（6）"开灯"条件下的执行控制。单击【执行器】，选择【灯带 设置 所有灯 颜色为】。
注：设备共包含 6 个灯带，可以将灯带颜色设置为红色，红色的 RGB 值为（255,0,0），如
图 3-38 所示。

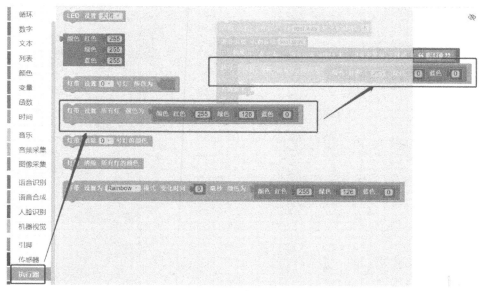

图 3-38　增加执行器

（7）"关灯"条件判断。单击【语音识别】，选择【在文本 语音识别 识别文本 中是否发现 关键词】，将"开灯"改为"关灯"，如图 3-39 所示。

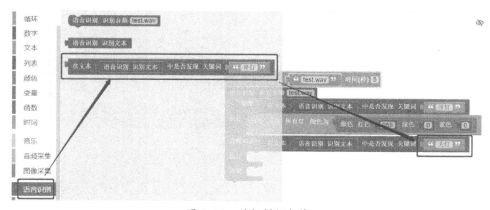

图 3-39　关灯判断条件

（8）"关灯"条件下的执行控制。如图 3-40 所示，单击【执行器】，选择【灯带 清除所有灯的颜色】。

（9）其他条件下的执行控制。单击【语音合成】，选择【语音合成】模块。将"合成文本"改为"对不起，我不能识别你的命令！"，如图 3-41 所示。

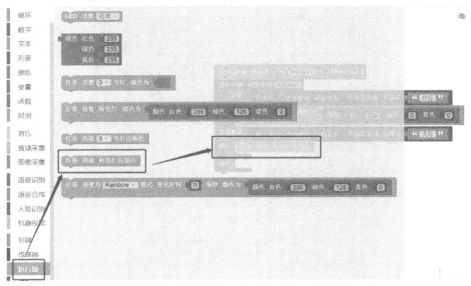

图 3-40　清除灯带颜色

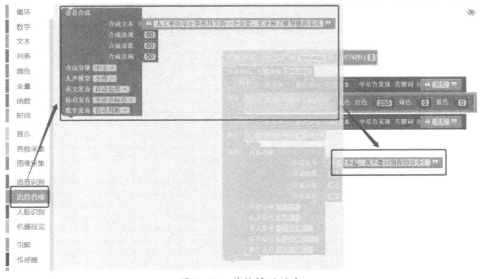

图 3-41　其他情况设定

（10）完整程序过程如图 3-42 所示。

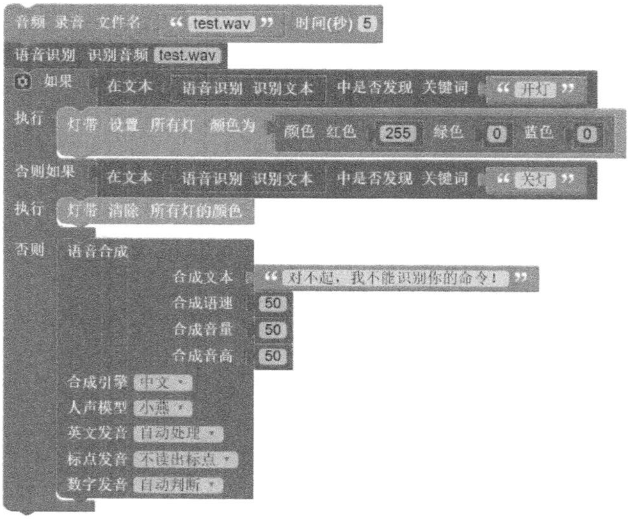

图 3-42　完整程序过程

课后练习

1. 除了日常中见到的，你还能想出语音识别技术其他的应用吗？

2. 在使用语音识别时，哪些措施可以降低词错误率或句错误率？

3. 与智能音箱交流时要注意保护哪些隐私信息？

第 4 章　此音非彼音——语音合成

2022 年"两会"期间，一个人工智能 3D 虚拟主播（见图 4-1）吸引了大众的关注：输入文字，AI 就能生成一个逼真的 3D 数字主持人，口型精准、表情到位地将新闻内容播报出来，她可以坐、可以站，甚至可以做出各种姿势和动作，呈现不同的换装效果。虚拟主播的声音主要得益于语音合成技术，它已经在智能音箱、机器人、语音导航软件等产品中广泛应用，本节我们将探索语音合成的相关知识。

图 4-1　虚拟主播

【学习起航】

1. 知道什么是语音合成。
2. 了解语音合成在生活中的应用。
3. 能够描述语音合成的过程。
4. 能够运用语音合成技术解决简单的实际问题。

一、语音合成技术与应用

智能语音技术用于实现人与机器之间的自然语言交流，它涉及很多技术，而语音识别和语音合成是最基础的两种技术之一。除此之外，还包括语音转换、声纹识别、语音标准化判断等。下面我们重点学习语音合成技术。

语音合成技术能将文字信息转换为人类可以听懂的语音，又称文本语音转换（Text to Speech,TTS）技术，也就是说语音合成是一种生成人造语音的技术。当然，简单地将文字转换成语音并不难，难的是合成的语音能够模仿人类的情感。近年来，无论是用户还是科技人员，对情感合成以及个性化合成的兴趣与需求越来越高。可以想象一下，假如我们与机器交流时能够像和一个真人交谈一样，它可以用不同情感、不同强度的声音与你交谈，那是一件多么奇妙的事情啊！

【拓展阅读】语音合成技术的发展历程

自然语言是人类进行信息交流最主要、最直接的手段，如果人类和计算机之间也能通过自然语言来交流，就会大大提高人机交流的效率。创造会说话的机器是人类一直以来的梦想。追溯语音合成的历史，最早的讲话机诞生于1791年，由匈牙利发明家沃尔夫冈肯佩伦（Wolfgang Kempelen）发明。这台讲话机通过机械装置模拟人类的发音器官来发出一些元音、辅音以及完整的词、短语。

随后，无线电技术的诞生推动了电子式语音合成的发展。1939年，美国科学家发明了电子式的语音合成器VODER。到了20世纪末期，计算机技术和数字信号处理技术快速发展，计算机能够产生高清晰度、高自然度的连续语音，从而真正有实用意义的语音合成技术开始蓬勃发展。进入21世纪后，计算机的存储量和计算能力显著提高，特别是新人工智能算法的出现，语音合成技术逐渐成熟并被广泛地应用到许多领域。

【交流讨论】语音合成的应用

说一说你在生活中的哪些场合听到过合成语音？你认为语音合成技术还能应用在什么场景？结合图4-2中的场景谈谈语音合成的实际意义。

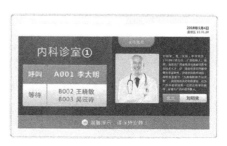

a）语音朗读　　　　　　　　　　b）医院语音叫号

图4-2　语音合成在生活中的应用

其实，生活中经常会听到由机器合成出来的语音。出行时使用语音进行导航，可以让司机更专心开车。阅读类软件的听书功能，能够缓解双眼的疲劳。出现在商场、餐厅、医院、银行等公共场所的服务机器人，通过语音合成技术使它们具备了"说话"的能力，能够与我们自然地交流。除此之外，一些公交车、车站、地铁等交通工具的播报提示音，智能手机助手的对话功能等也都采用了语音合成技术。

【实践活动】合成语音

1. 体验语音合成的效果

选择一种语音合成工具，例如深度配音、讯飞配音等，听一听不同场景下的合成语音并体验其工作过程和效果。

（1）打开配音平台（本例采用了讯飞配音），使用【合成配音】中的【合成样音】试听不同场景中的合成音，如图 4-3 所示。

微课

图 4-3　不同生活场景下的合成音效果

（2）使用【合成配音】中的【一键制作配音】制作合成音，如图 4-4 所示。输入需要配音的文字并设置语速、语调和背景音乐等选项，点击【播放键】⏵ 试听配音效果。

2. 感受合成音与真人音的异同

扫描以下二维码中的两段语音，你能分辨出两段语音是真人音还是合成音吗？说一说真人音与合成音的特点。

扫一扫听声音

扫一扫听声音

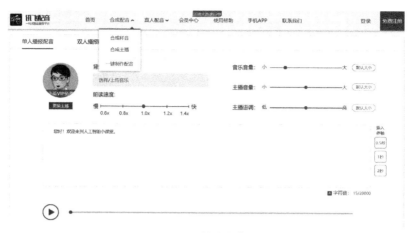

图 4-4　制作合成音

【拓展阅读】合成语音质量评价

合成语音的质量包括清晰度、可懂度、自然度和舒适度等，那么如何评价合成语音的质量呢？语音质量的评价一般包括主观评价和客观评价。

其中，主观评价方法是让评价者直接听被测语音，然后根据主观感受打分。平均意见分法（Mean Option Scores，MOS）就是主观评价的一种方法，它以 1~5 分来衡量合成语音的质量，其中 1 分为最低分，意味着完全听不懂，5 分为最高分，代表着达到了播音员水平，当评分达到 3.5 分，就代表这个语音合成产品达到了"可以接受"的水平。表 4-1 列出了从 1995 年到 2013 年语音合成的自然度水平，由此可以看出语音合成效果的发展过程。

— 表 4-1　1995-2013 年语音合成的自然度水平 —

年份	1995 年	1998 年	1999 年	2001 年	2013 年
自然度	<3.0	3.0	3.5	3.8	3.8

客观评价法要从语音信号中提取特征参数，通过建立声学模型等方法对语音质量进行评估，可以比较方便地进行批量测评。

随着语音合成技术日趋成熟，高清晰度、高自然度的合成语音广泛出现在我们的日常生活中，但在语音的连贯性、表达的生动性、感情色彩等高表现力方面还有待提高。

二、语音合成的实践

【实践活动】文本合成语音

在"塔罗斯+"软件中试编写语音合成小程序，将自己输入的文本转换为语音播放出来，并思考该程序可以应用在生活中的哪些场景。

微课

参考步骤及程序如下：

（1）硬件连接。

（2）语音合成。单击【语音合成】，选择【语音合成】模块，如图 4-5 所示。

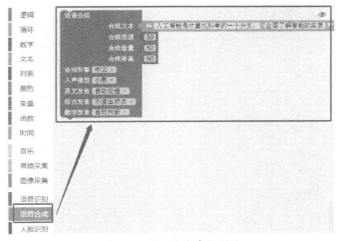

图 4-5 "语音合成"模块

（3）设计应用场景。删除原有文字，然后在文本框中输入想要合成的文本，听一听合成效果如何，如图 4-6 和 4-7 所示。

图 4-6 删除默认"合成文本"

图 4-7 输入"合成文本"

【实践活动】语音合成的工作过程

继续尝试在文本框中输入特殊符号和字词混合组合，如"✚ ✓ ♫® ㊤ ㊦▽ α β π ⊿ △ hello% 你好！！"，请你听一听，并说一说你发现了什么？实践操作过程如下：

（1）选择【语音合成】模块，如图4-8所示。

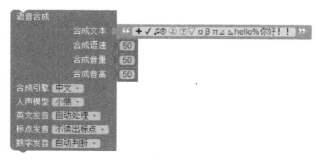

图4-8　修改文本内容

（2）将【合成文本】中的文字修改为"✚ ✓ ♫® ㊤ ㊦▽ α β π ⊿ △ hello% 你好！！"，或其他特殊符号和字词混合组合。

（3）运行程序，听一听合成语音的效果。

三、机器合成语音的过程

文本输入机器后经过数据处理再输出语音，这个过程机器对文本做了哪些处理，又有哪些关键的环节呢？这些工作对于语音合成的使用者来说虚线框中就像一个黑盒子，现在我们"打开"盒子看一下语音合成的主要工作过程，如图4-9所示。

图4-9　计算机合成语音的过程

1. 文本分析

合成语音的过程中需要先分析输入的文本，从文本中能够认识文字、数字、姓氏和特殊字符，知道要发什么音、怎么发音，获得发音的方式。另外，还要分析出文本中哪些是词，哪些是短语、句子。根据文本的结构、组成和不同位置出现的标点符号，来确定发音时语气的变化以及不同音的轻重方式等。最终将输入的文字转换成计算机能够处理的参数，这一部分内容可称为文本分析。

2. 韵律处理

试一试朗读下面的句子，分别将重音放在有着重号的文字上，感受句子意义的差别：

人工智能的到来让我们的生活更加便利

人工智能的到来让我们的生活更加便利

人工智能的到来让我们的生活更加便利

人工智能的到来让我们的生活更加便利

上面的体验就是韵律处理，不同的断句、重读会得到不同意义的句子。任何人说话都有韵律特征，在汉语中，人说话有 4 个声调，有不同的语气、停顿方式，发音长短也各有不同，这些都属于韵律特征。计算机合成语音需要对分词后的文本进行韵律处理，也就是标注文本中每个字的发音以及重读、停顿等韵律特征，将韵律特征转换为声学参数，如音高、音长、音强等，从而进行声信号的合成。韵律处理使合成的语音不但能正确表达语义，而且听起来更加自然。

3. 声学处理

试一试在"塔罗斯＋"软件文本框中输入"接天莲叶无穷碧，映日荷花别样红"，选择不同人物、更改音量、语速、语调等参数，听一听它们的合成音，说一说你发现了什么。

（1）更改【合成文本】内容，调整合成语速、音量或音高的参数值，如图 4-10 所示。

（2）更改不同人声模式，听一下声音的区别，如图 4-11 所示。

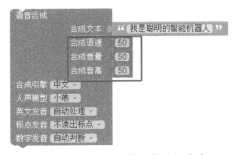

图 4-10　调整语速、音量、音高

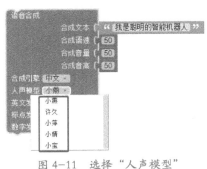

图 4-11　选择"人声模型"

（3）按需要选择相应的其他功能。

将语音进行相应的声学处理会得到不同效果的声音，在声学处理时会通过声音模型来合成语音。很多语音合成工具可以由用户自主选择声音模型，甚至可以让计算机模拟自己的声音进行播报，就是因为这些工具对语音进行了声学处理。

经过转换语言处理、韵律处理、声学处理等步骤后的文本就转换成了声音，从而实现了语音合成。

【拓展阅读】建立声学模型的方法

建立声学模型的方法有很多种，如参数合成法和波形拼接法。由于这两种方法各有不足，有时也会将两者结合起来应用。

参数合成法需要先录制一些声音片段，这些声音涵盖了人发音过程中所有可能出现的读音。然后提取出这些声音的声学参数，并整合成一个完整的声音库。在合成语音的过程中，根据韵律处理这一环节中得到需要发的音，从声音库中选择合适的声学参数进行合成。这种方法能合成不同人的语音，需要的声音库较小，但对合成的音质有影响。

波形拼接法是将各个语音单元（如一个汉字）录制下来保存到声音库中。在合成语音时，直接对存储于声音库的语音拼接来整合成完整的语音。这种方法合成的语音音质较高，保存了原始录音人的声音。但这种方法的不足是声音库非常庞大，会占据较大存储空间，并且只能合成录音人的声音，不能合成其他人的声音。

【交流讨论】语音合成背后的伦理问题

（1）央视纪录频道播出的《创新中国》是一部利用 AI 模拟人声来完成配音的大型纪录片，通过语音合成技术使得已逝著名配音艺术家的声音重现荧幕，请你说一说此类语音合成技术有哪些积极影响。

（2）近日有媒体报道有人利用"语音合成"技术"深度伪造"声音给亲人打电话，令亲人真假难辨，这不禁让人们十分担忧。请你说一说在深受网络社交媒体追捧的新技术背后可能存在哪些安全隐患？

（3）伪造语音除了会欺骗人类听者之外，还有可能欺骗机器。现今有一种通过语音识别说话人身份的技术叫作声纹识别，这项技术在证券交易、银行交易、个人电脑声控锁、汽车声控锁、门禁系统和安防等领域有着广泛的应用。然而有些别有用心之人利用技术手段合成用户的语音来破解声纹识别系统。请你谈一谈对于鉴别与防范伪造语音的看法。

课后练习

1. 语音合成技术是（　　　）。

A. 将文本转换为语音的技术（TTS）

B. 将人类的语音转换为文本的技术（ASR）

C. 通过声纹识别说话人身份的技术

D. 实现人与计算机之间用自然语言进行有效通信的各种理论和方法

2. 英国物理学家斯蒂芬·霍金在一次肺炎手术中切除了支气管，并且丧失了说话能力，语音合成技术使他能再次发声，如图 4-12 所示。请查阅资料，说一说霍金的"声音"是如何合成出来的？

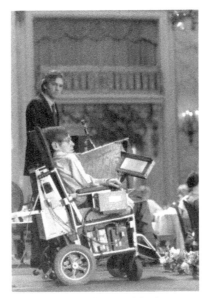

图 4-12　霍金和他的交流工具

3. 假如学校的校史馆即将建成，你能否利用语音合成技术制作几段不同风格的合成音，为参观的客人介绍学校的历史呢？

4. 在日常的短视频中我们经常会听到合成语音，请你选择一种小视频工具或应用软件录制一段视频并加上合成语音介绍。

第 5 章　你来我往——语音交互

"喂，你好！我是疫情防控机器人，占用您一分钟时间做个新冠肺炎的电话回访。请问您是张三本人吗？近期有没有发热、咳嗽或其他不适症状？……"

为了抗击新冠肺炎疫情，多家科技公司推出了智能语音机器人客服。它们采用语音交互技术，能够代替人工打电话，自动询问受访者的身份信息、近期活动区域、接触人群、近期症状，并将受访者的语音答复记录下来，转换成文字录入数据库，快速完成辖区内居民健康信息采集与疫情摸底。例如，百度智能外呼平台 1 天可以完成 10 万次的通话量，节省了大量人力；京东数科的疫情问询机器人还可以提供线上问诊、疫情知识普及、送药等服务，实现了科技战"疫"。还有各种在公共场合见到的服务机器人，一般都有语音交流功能，如图 5-1 所示。

图 5-1　语音交互机器人

【学习起航】

1. 了解生活中常见的语音交互。

2. 认识语音交互的主要技术组成。

3. 了解自然语言处理的一般过程。

4. 编程实现简单的语音交互。

一、常见的语音交互

语音是人与人之间最方便的交流方式。如今，人们可以通过对话的方式向机器下达指令，准确地传递信息。以手机、计算机、家用电器为载体的各类语音助手、银行和医院的客服机器人、车载语音交互系统等都是语音交互的典型应用。它们不仅能陪我们闲话家常，还可以解决生活中的实际问题。

语音交互是指人类利用自然语言与机器沟通、相互理解及合作的过程。它是一种回归自然的互动方式，拉近了人与机器的距离，具有直接、解放双手、传递情感等优势。

二、语音交互的工作过程

一部名为《探寻人工智能》的纪录片中有这样一个片段，女主持人和机器人罗茜用英语展开了一段亲切自然的对话，这段人机之间有趣的语音交互过程所包含的信息量和知识量十分令人惊讶。这次交流幕后最重要的功臣就是机器人罗茜的"大脑"，它使用了 IBM 公司开发的沃森人工智能系统，该系统能在 3 秒内快速领会主持人的问题，并给出合理的答案。

我们将机器人罗茜的语音交互过程分解为 4 个主要步骤，如图 5-2 所示，请你想一想，哪些技术是已经学过的？机器人又是如何听懂问题的？

图 5-2　语音交互的工作过程

【拓展阅读】沃森系统

超级电脑"沃森"（Watson）以 IBM 公司创始人托马斯·J·沃森的名字命名，它由 90 台 IBM 服务器、360 个计算机芯片驱动组成。它基于 DeepQA（深度开放域问答系统）技术开发，存储了《世界图书百科全书》等数百万份资料，每秒可以处理约 500GB 的数据，相当于 1 秒阅读 100 万本书，它可以在 3 秒内解析问题，检索数百万条信息，再筛选还原成"答案"，输出成人类语言。2011 年 2 月，"沃森"参加美国最受欢迎的智力问答电视节目《危险边缘》，战胜了所有人类选手而获得冠军。

【知识讲堂】语音交互系统的组成

通常，一套语音交互系统会包括三个典型模块。

1. 语音识别（Automatic Speech Recognition，ASR）

它就像语音交互系统的"耳朵"，主要工作是听清用户的问题或者指令，将语音信息转换为文字。例如："你今年多大啦？""明天天气如何？"。

2. 自然语言处理（Natural Language Processing，NLP）

它就像语音交互系统的"大脑"，主要工作是分析理解文字指令的含义，及时处理用户的请求，借助自身的知识库或者互联网查询问题，并以文字形式输出问题的答案。

3. 语音合成（Text To Speech，TTS）

它就像语音交互系统的"嘴巴"，主要工作是将文字答案通过声音的形式播报出来。为了让用户听清答案，需要选择合适的人声模型、语速和音量、合理断句。如果增加一些感情色彩，更能拉近和用户的距离。

【实践活动】它能听懂吗

语音交互系统不仅要能听会说，最重要的是要懂你。智能音箱是常见的智能语音交互设备。请你和智能音箱进行一段语音互动，记录你们的对话内容，看看它能听懂并实现你的需求吗？

例如：你会下象棋吗？你会学大象叫吗？你知道今天的天气吗？你知道我是谁吗？你知道牛顿和苹果的故事吗？

我：＿＿＿＿＿＿＿＿＿＿＿＿＿＿＿＿＿＿＿＿＿＿＿＿＿＿＿

音箱：＿＿＿＿＿＿＿＿＿＿＿＿＿＿＿＿＿＿＿＿＿＿＿＿＿

我：＿＿＿＿＿＿＿＿＿＿＿＿＿＿＿＿＿＿＿＿＿＿＿＿＿＿＿

音箱：＿＿＿＿＿＿＿＿＿＿＿＿＿＿＿＿＿＿＿＿＿＿＿＿＿

三、自然语言处理

自然语言处理是语音交互的关键技术之一，机器经过一轮或多轮对话后，能正确识别和处理用户的意图，并避免出现"答非所问"。自然语言处理的主要流程如图5-3所示，大体上可分为下面四部分。

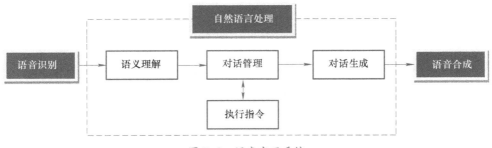

图 5-3　语音交互系统

（1）语义理解：将用户的指令拆分、转换为遵循一定规则和结构的、机器可以理解的关键信息。"框架语义"是一种典型的表示形式，由领域（Domain）、意图（Intent）和词槽（Slot）组成。

- 领域：约定提问的范围，识别功能类别。例如，车载语音助手包括了导航、音乐、广播等多个领域的功能，如果用户指令超出了指定的领域，语音助手将不能完成任务。

- 意图：要求语音交互系统完成的具体操作，一般以动宾短语来表述。比如"播放音乐""停止音乐""设定闹钟"等。

- 词槽：确定操作的具体信息，例如"歌曲名称""歌手姓名""闹钟时间"等。

（2）对话管理：当意图理解不明确时，机器发起询问对话，要求用户补充词槽信息，这就是多轮对话。

（3）执行指令：机器将理解的用户意图对应到它可以执行的具体机器指令上，通过执行具体的操作来达成用户意图。

（4）对话生成：生成符合逻辑的文字结果，能够对用户的意图进行反馈，或者返回用户期望得到的信息，最终通过语音或文字的方式反馈给用户。

【实践活动】语义理解

以下资料描述了用户与语音助手的交互过程，请分析出用户的意图和词槽信息，填写在表 5-1 中。

表 5-1　语音理解

交互过程	意图（Intent）	词槽（Slot）
• 用户：嘿，小智，北京天气怎么样？ • 小智：北京当前天气为晴，气温 8℃……	查询天气	地点＝"北京"
• 用户：我想去中山公园。 • 小智：现在就帮你查前往中山公园的路线。		
• 用户：嘿，小智，帮我设个闹钟！ • 小智：几点？ • 用户：下午 5 点。 • 小智：我已经将闹钟设置为下午 5 点。		

【拓展阅读】语音交互的词频

在使用搜索引擎时，一般会用关键词或关键词组合进行搜索。例如，我们想了解北京的中小学什么时候放暑假，在搜索框可以输入"北京　暑假时间"，搜索引擎会自动把最新的信息推送出来。

使用语音交互时，人们更倾向用完整的句子来提问或查询，更喜欢说"谁""什么""怎么"等提问性的句子。因此，语义理解就显得格外重要。同时，可以通过大量的数据统计出用户在语音交互过程中，到底哪些词出现的频率最高。这种统计对提升语音交互智能化水平有很大帮助。2017 年，BrightLocal 网站对语音交互的英文词频进行了统计，排名前五的分别是 how、what、best、the 和 is，如表 5-2 所示。

表 5-2　英文语音交互的词频统计

单词内容	数目统计	所占比例
how	658976	8.64%
what	382224	5.01%
best	200206	2.63%
the	75025	0.98%
is	53496	0.70%

四、语音交互的实践

利用本单元所学知识设计一款天气播报语音交互助手，并通过"塔罗斯＋"实现。

1. 功能要求

（1）唤醒功能：当用户说出"小智同学"关键词时，语音助手响应作答"喊我做什么"

（2）查询天气功能：当用户说出"北京"和"天气"两个关键词时，语音助手可能回答"今天北京多云转晴，是个不错的天气！"

2. 绘制流程图

语音交互流程图如图 5-4 所示。

3. 参考步骤及程序

（1）单击【音频采集】，选择【音频 录音】模块，如图 5-5 所示，参数有录音文件以及录制时间。

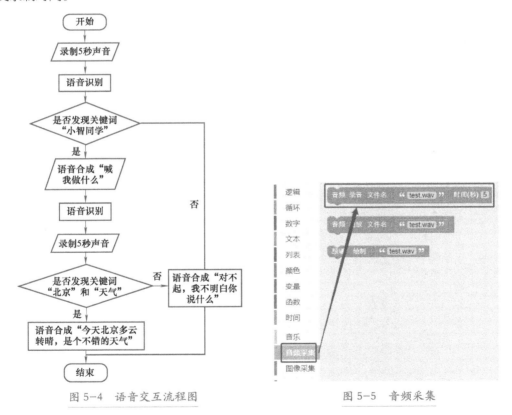

图 5-4　语音交互流程图

图 5-5　音频采集

（2）单击【语音识别】，选择【语音识别】模块，如图 5-6 所示。（注意：语音识别的文件名和录制视频的文件名需一致。）

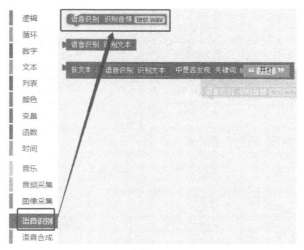

图 5-6　选择 "语音识别"

（3）单击【逻辑】，选择【如果 执行】模块。单击该模块的设置图标，将【否则如果】和【否则】按图 5-7 所示拖动到右侧。

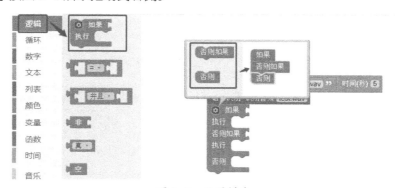

图 5-7　设置模块

（4）单击【语音识别】，选择【在文本 语音识别 识别文本 中是否发现 关键词 】模块，将 "开灯" 改为 "小智同学"，如图 5-8 所示。

（5）单击【语音合成】，选择【语音合成】模块。将 "合成文本" 改为 "喊我做什么"，如图 5-9 所示。

（6）单击【逻辑】，选择【并且】模块，拖动到【否则如果】模块后，如图 5-10 所示。

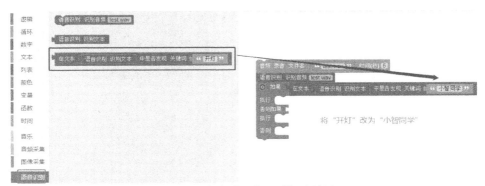

图 5-8　修改"语音识别"关键词

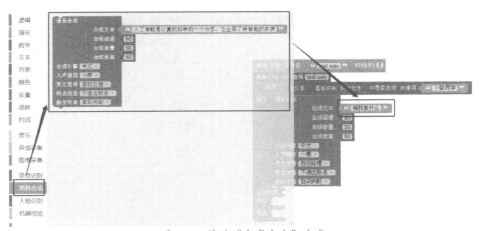

图 5-9　修改"合成文本"内容

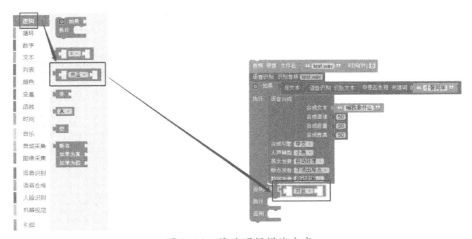

图 5-10　修改逻辑模块内容

（7）单击【语音识别】，选择"在文本 语音识别 识别文本 中是否发现 关键词"模块，如图 5-11 所示，将"开灯"改为"北京"。重复执行，将"开灯"改为"天气"。

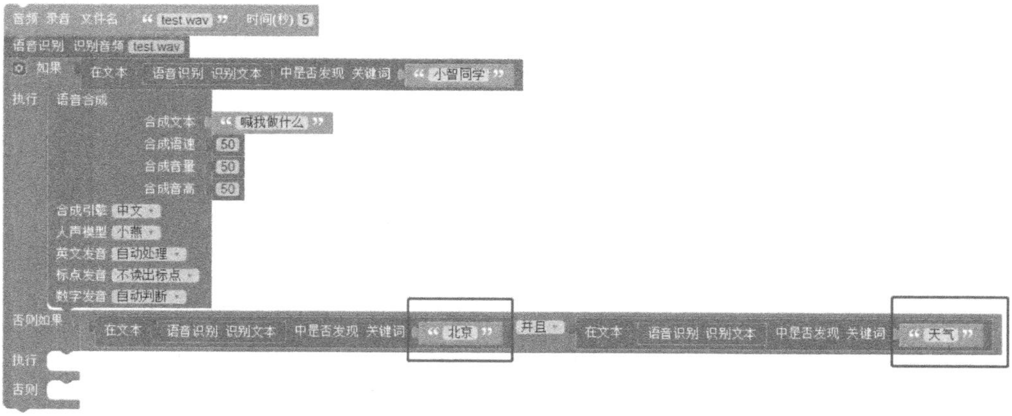

图 5-11　修改"语音识别"关键词

（8）单击【语音合成】，选择【语音合成】模块。将"合成文本"改为"今天北京多云转晴，是个不错的天气！"，如图 5-12 所示。

图 5-12　修改"合成文本"内容

（9）如果语音中既没有"小智同学"，也没有"北京""天气"，则提示"对不起，我不明白你在说什么！"。重复步骤（7），将"合成文本"改为"对不起，我不明白你在说什么！"，如图 5-13 所示。

图 5-13　完善"合成文本"

课后练习

1. 除了前面提到的场景外，你还能列举出哪些场景适合使用语音交互技术？

2. 你认为现阶段的语音交互技术还有哪些不足？

3. 假如你要设计一款语音助手实现订餐功能，需要用户提供哪些信息才能成功下单？

4. 语音客服普及的同时会导致越来越多的人工客服失业，请谈谈你的看法？

5. 当通过语音与智能设备交流时，会面临一系列的隐私和信任问题。根据美国消费者保护组织（Consumer Watchdog）的一份研究报告显示，某些著名公司的专利内容曝光了智能音箱存在"偷听"用户信息问题，而并不是听到关键词被唤醒后才录制用户说的话。请你再结合前面所学的内容，谈谈对智能音箱的看法。

第 3 单元

图像处理与识别

第 6 章　精雕细琢——图像预处理

如今，一些道路的人工停车收费方式改成了电子计费方式，其中一种方案是在停车位的上方安装高位视频设备，当有车辆停进指定区域时会自动拍摄、采集车牌信息进行计时、计费，如图 6-1 所示，这种方式既能大量减少人力并让计费更精确，还能对车辆的违章停车行为进行拍摄记录。那么高处拍摄的车牌照片会影响识别吗？如果车辆停偏或有雨雾天气，机器还能识别准确吗？本章将带大家了解图像预处理的相关知识。

图 6-1　自动拍摄采集车牌信息

【 学习起航 】

1. 了解图像的基本知识。

2. 了解图像预处理的主要目的和原理。

3. 掌握典型的图像预处理过程与方法。

机器视觉是让机器人像人类拥有眼睛一样，可以观察世界，机器视觉的基础就是机器如何理解图像。道路停车电子收费为什么能够实施呢？主要是它通过摄像头拍摄的图片识别到了车牌信息，从而准确记录了停车的时间。

请大家想一想，在实际拍摄车牌过程中可能会遇到哪些问题呢？

（1）当能见度差或者光线不足时，拍摄的车牌图像会不够清楚。

（2）如果摄像头安装角度不当或者停车位置不理想，有些车牌图像会是歪的或者变形的。

以上都是图像识别中的常见问题，图像预处理就是解决这些问题的主要方法。

一、数字图像基本知识

【实践活动】放大数字图像

打开一幅数码图片，用图片浏览软件将某一局部逐渐放到最大，如图 6-2 所示，图像有什么变化？

图 6-2 数字图像及局部放大

【知识讲堂】认识数字图像

图像表达了物体在光线影响下的样子，它能够帮助人们记录美好的瞬间或特定的状态。随着信息科技的发展，数字图像在我们生活中的使用愈发频繁，如手机或数码相机拍摄的照片、网上下载的图片素材、购物网站上的物品照片等等，那么你知道数字图像是如何存储和处理的吗？

如图 6-2 所示，一张数字图像在放大之后，你会发现它是由一个个小方块组成的，我们称之为像素点。可以把像素点想象成一个个会发光的小灯泡，改变每个像素点的亮度，整个图像就会发生变化。实际上，数字图像在计算机中存储的就是这一个个像素点的值，而整张图像的像素点值集合在一起就形成了一个方形的集合，可称之为矩阵。矩阵就像我们的座位表，由行和列组成，每个格子里有相应的数字，如存储一张字母 I 的图像，其像素矩阵可以用图 6-3 表示。

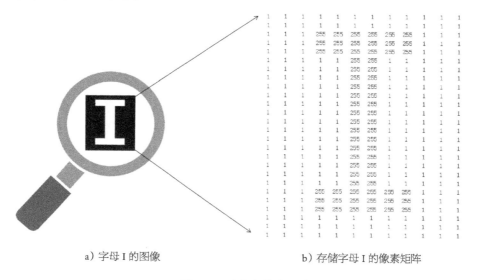

a）字母 I 的图像　　　　　　　b）存储字母 I 的像素矩阵

图 6-3　图像与像素矩阵

像图 6-3 中每个像素只用一个数值来表示的话，它还不能表示各种丰富的色彩，只能表达某一种颜色的深浅程度，所以将这种只有一个采样颜色的图像称为灰度图像，如图 6-4 所示。在计算机中，一般来说灰度图像的每个像素点的颜色用 8 位二进制数表示，最小为 00000000，最大为 11111111，因此转换为十进制后每个像素点的取值范围为 0~255，0 代表黑色，255 代表白色，其他值为黑白之间的灰色。

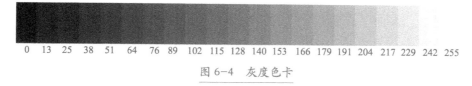

0　13　25　38　51　64　76　89　102　115　128　140　153　166　179　191　204　217　229　242　255

图 6-4　灰度色卡

在同样大小的展示面积上，一张图片的像素点越多，图像就会越清晰。我们将水平像素点的个数乘以垂直像素点的个数得到的值称为分辨率，如 640×480 表示水平方向上有 640 个像素点，垂直方向上有 480 个像素点，如图 6-5 所示。因此，一般来说，分辨率越高，图像就越清晰。

与灰度图像相比，彩色图像更常见，如 RGB 和彩色图像。其中 RGB 三个大写字母分别表示红色（Red）、绿色（Green）和蓝色（Blue），称为光学三原色，如图 6-6 所示，其他的色彩由这三种颜色组合而成。

a）分辨率为 879×678

b）分辨率为 100×87

图 6-5　不同分辨率的差异

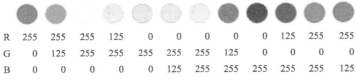

R	255	255	255	125	0	0	0	0	0	125	255	255
G	0	125	255	255	255	255	255	125	0	0	0	0
B	0	0	0	0	0	125	255	255	255	255	255	125

扫一扫看彩图

图 6-6　部分常见色彩的 RGB 值

可以把图像中的每个像素点想象成有红、绿、蓝三盏灯，每盏灯的亮度可调，因此，计算机在存储 RGB 彩色图像时（见图 6-7），对于每个像素点就要存储 R、G、B 三个数值，分别表示红、绿、蓝三盏灯的亮度，也就是会存成一个三维矩阵。图 6-7 中的彩色图像，其实是由红色、绿色和蓝色三个分量组合而成的。

红色分量

绿色分量

蓝色分量

原图

图 6-7　彩色图像的组成

【拓展阅读】可见光图像与不见光图像

人眼可以看见的图像称为可见光图像，如图 6-8 所示，如生活中的景

扫一扫看彩图

物、电子屏幕图像等，当自然光或灯光照射在颜色物体上时，物体根据自身的特性对光线进行选择性吸收，将剩余光线透射或者反射出来，再通过人眼的感觉细胞刺激大脑中枢，我们就看到了图像，如图 6-9 所示。

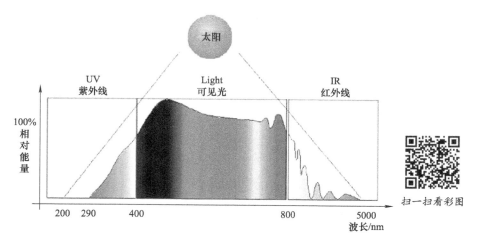

图 6-8　光的分类

a）风景照

b）影视画面

图 6-9　彩色图像

扫一扫看彩图

日光按照波长从短到长可以分为紫外光、可见光、红外光，紫外光和红外光都是不可见光，其他的不可见光还有 X 射线、伽马射线等等。不可见光也可以产生图像，比如红外卫星云图、X 光片等，如图 6-10 所示。当然，我们通过各种手段获取的不可见光图像的信息最终也会通过处理上色，以人们能看到的图片的方式展示。

a）红外卫星云图　　　　　　　　b）X 光片

扫一扫看彩图

图 6-10　不可见光图像

扫一扫观看配
置环境视频　　　微课

【实践活动】数字图像的存储编码

查看图片在计算机内的存储编码，如图 6-11 所示。

```
1    import cv2
2    import numpy as np
3    import matplotlib.pyplot as plt
4
5    original_img = cv2.imread('D:\python example\plate.jpg', cv2.IMREAD_UNCHANGED)
6    b, g, r = cv2.split(original_img)
7    dst = cv2.merge([r, g, b])
8    plt.imshow(dst)
9
10   print(original_img)
11
```

图 6-11　查看图像存储编码程序

原图以及编码查询结果如图 6-12 和图 6-13 所示。

图 6-12　汽车图片

```
[[[  9 106  66]                    [[ 65  54  56]
 [  9 106  66]                      [ 65  54  56]
 [  9 106  66]                      [ 65  54  56]
 ...                                ...
 [162 161 165]                      [ 72  59  61]
 [162 160 166]                      [ 70  59  61]
 [162 160 166]]                     [ 70  59  61]]

 [[  8 105  65]                     [[ 65  54  56]
  [  8 105  65]                      [ 65  54  56]
  [  8 105  65]                      [ 65  54  56]
  ...                                ...
  [166 165 169]                      [ 72  59  61]
  [166 164 170]                      [ 70  59  61]
  [166 164 170]]                     [ 70  59  61]]

 [[  7 103  66]                     [[ 65  54  56]
  [  7 103  66]                      [ 65  54  56]
  [  7 103  66]                      [ 65  54  56]
  ...                                ...
  [174 173 177]                      [ 72  59  61]
  [174 172 178]                      [ 70  59  61]
  [174 172 178]]                     [ 70  59  61]]]
```

图 6-13　图像编码存储结果

二、图像预处理的原理

【交流讨论】车牌识别

在前面的案例中，摄像头拍摄到了下面几张车牌照片，如图 6-14 所示，你认为以下哪个车牌更易于识别呢？

a) 车牌效果 a

b) 车牌效果 b

c) 车牌效果 c

图 6-14　车牌效果

输入图像的质量直接影响图像识别算法的效果和精度，因此，一般需要先进行预处理。图像预处理就是对图像进行加工，通过一些方法改变图像中像素点的数值，从而达到让计算机容易识别的目的。

【知识讲堂】像素的坐标

像素坐标是像素在图像中的位置。要确定像素的坐标，首先要确定图像的坐标系。在一张数字图像中，通常以图像左上角为原点建立以像素为单位的直角坐标系，像素的横坐标 x 与纵坐标 y 分别是在其所在的列数与所在行。

如图 6-15 所示，图像左上角第一个点的坐标为（0，0），这个像素点的值为 56，坐标为（2，3）的像素点值为 255。

【交流讨论】

请说出图 6-15 中坐标为（1，1）和（4，3）的像素点值分别为多少？

【知识讲堂】图像的预处理

图像预处理就是通过各种方法来改变图像中像素点的数值，从而改变图像的大小、颜色等。假设 $F(x, y)$ 是图像中坐标为 (x, y) 的像素点的值，那么 $0.5F(x, y)$ 就可以使这一点的值变为原来的一

56	44	54	89	34	78
145	175	3	123	230	45
4	66	126	55	77	189
217	44	255	88	52	29
234	157	33	89	0	178
98	249	146	233	45	100

图 6-15　像素坐标示意图

半，从视觉上来讲这一像素点就变暗了。如果想让整张图像都变暗，那么就将图像中所有像素点的值都乘以 0.5。同理，可以用类似的方法来实现其他效果。

为了让机器能够更好地识别出图像中的内容，就需要对图像进行预处理。图像预处理的主要目的是消除图像中无关的信息，恢复有用的真实信息，增强有关信息的可检测性和最大限度地简化数据，从而改进特征抽取、图像分割、匹配和识别的可靠性。具体作用有如下三点：

（1）提升图片的质量，强调真实信息，使图片更加清晰，便于机器识别。

（2）降低图片的复杂度，消除图像中的无关信息，简化数据，使机器容易识别。

（3）增加图像样本的数量，丰富图像样本内容，提高机器识别的适应性和准确率。

【实践活动】图像左移

学习表 6-1 中的公式，完成后面的任务。$F(x, y)$ 表示像素点 (x, y) 的原始值，$G(x,$

y）表示修改后的值。

——————————表 6-1　像素点的运算——————————

应用目标	处理算法
使图像变暗	$G(x, y) = 0.5F(x, y)$
增亮图像	$G(x, y) = 2F(x, y)$
向下移动对象 150 像素	$G(x, y) = F(x, y + 150)$
将灰度图像换为黑白二值图	$G(x, y) = \{$ 如果 $F(x, y) < 130$，则为 0，否则为 255$\}$

问题：请你利用上面的方法将像素点 $F(x, y)$ 左移 100 像素表示出来。

三、常见的图像预处理方法

图像预处理的方法有很多种，如降噪、反转、修改对比度、修改亮度等，究竟预处理的过程中使用哪些方法，主要看使用者的目的是什么。此外，如果使用分类器进行图像识别，还要看分类器对图像有哪些要求，那么图像预处理的目的也就明确了。下面介绍三种典型的图像预处理方法。

1. 图像降噪

图像噪声是指图像中的不必要或多余的干扰信息，噪声的存在严重影响了图像的质量，如图 6-16 所示。常见的图像噪声有高斯噪声、椒盐噪声等。图像降噪就是去除或减少图像中的噪声，经过降噪的图像主体看起来更加清晰。

a）清晰图像　　　　　　　　　　　b）噪声图像

图 6-16　清晰图像与噪声图像对比

相应有不同降噪方法来处理不同类型的图像噪声，这里介绍一种典型的均值滤波方法。均值滤波是用周围像素点的平均值来代替该点原来的像素。以图 6-17a 为例，假设在

9 个像素格中，蓝色位置为 9 宫格的中心点，原来的
像素值为 2，现在进行均值计算：计算它周围 8 个格
的数值平均值，得到结果为 1，所以经均值滤波后像
素值变为 1，如图 6-17b 的中间蓝格所示，其他像素
点的值同理计算。

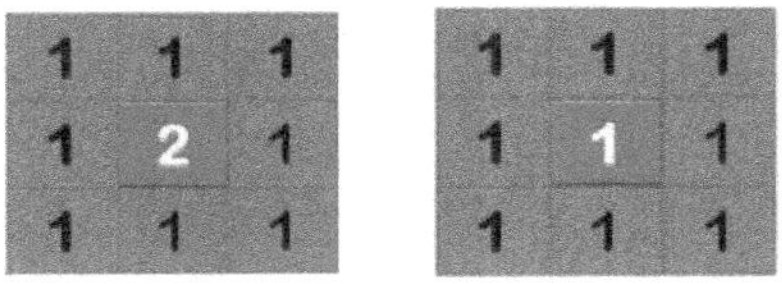

a）均值滤波前　　　b）均值滤波后

图 6-17　均值滤波

均值滤波也存在着固有的缺陷，即它不能很好地保护图像细节，在图像降噪的同时也
破坏了图像的细节部分。

【实践活动】不同降噪方法对比

使用不同滤波器对图片进行降噪，对比其异同。

（1）中值滤波器去噪，程序如图 6-18 所示。

微课

```
1    import cv2
2    import numpy as np
3    import matplotlib.pyplot as plt
4
5    noise_jiaoyan = cv2.imread('D:/python example/first.jpg')
6
7    median_img = cv2.medianBlur(noise_jiaoyan, 3)
8
9    cv2.imshow("Original drawing", noise_jiaoyan)
10   cv2.imshow("median drawing", median_img)
11   cv2.waitKey(0)
12
```

图 6-18　中值滤波程序

中值滤波器去噪前后对比图如图 6-19 所示。

a）原图　　　　　　　　　　　　　b）中值滤波器去噪后

图 6-19　中值滤波去噪前后对比图

（2）高斯滤波器去噪，程序截图如图 6-20 所示。

```
1   import cv2
2   import numpy as np
3   import matplotlib.pyplot as plt
4
5   noise_guass = cv2.imread('D:/python example/first.jpg')
6
7   guass_img = cv2.GaussianBlur(noise_guass, (5, 5), 1, 0)
8
9   cv2.imshow("Original drawing", noise_guass)
10  cv2.imshow("guass drawing", guass_img)
11  cv2.waitKey(0)
12
```

图 6-20　高斯滤波器去噪程序

高斯滤波器去噪前后对比图如图 6-21 所示。

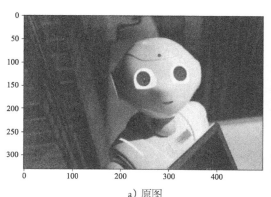

a）原图　　　　　　　　　　　　　　　　b）高斯滤波去噪后

图 6-21　高斯滤波器去噪前后对比图

（3）均值滤波器去噪，程序截图如图 6-22 所示。

```
1   import cv2
2   import numpy as np
3   import matplotlib.pyplot as plt
4
5   noise_guass = cv2.imread('D:/python example/first.jpg')
6
7   mean_img = cv2.blur(noise_guass, (3, 3))
8
9   cv2.imshow("Original drawing", noise_guass)
10  cv2.imshow("mean drawing", mean_img)
11  cv2.waitKey(0)
12
```

图 6-22　均值滤波器去噪程序

滤波器去噪前后对比图如图 6-23 所示。

a）原图　　　　　　　　　　　　　　b）均值滤波去噪后

图 6-23　均值滤波器去噪后

经过图像降噪，从一定程度上解决了前面提出的光线不好的情况下拍照不够清楚的问题，能够让计算机更加容易地识别出车牌上的数字和字母。

2. 图像对比度

图像对比度指的是一幅图像中最亮的白和最暗的黑之间的测量亮度差异，差异范围越大，对比度越大；范围越小，对比度越小。例如将一幅图像设置高低不同的对比度，后者的效果就会比前者好，如图 6-24 所示。

a）对比度低　　　　　　　　　　　　b）对比度高

图 6-24　图片不同对比度效果

图像的对比度可以用直方图来表示，如 6-25 两幅图中所示。横坐标为像素值，纵坐标为像素的数量，可以看到，图 6-25a 中像素值的分布比较集中，因此图片上的颜色范围比较小，图片对比度低，不清晰。这时我们可以用直方图均衡化的方法来提高对比度，这种方法其实是对图像的非线性拉伸，扩大图像中像素值的分布范围，提高对比度。

 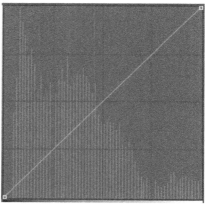

a) 原图   b) 修改后图片

图 6-25　图像不同对比度直方图的差异

【实践活动】调整图像对比度

调整图片对比度程序截图如图 6-26 所示。

微课

```
1   import cv2
2   import numpy as np
3
4   au_images = cv2.imread('D:/python example/au_image.jpg')
5   print(au_images.shape)
6
7   gamma = 0.4   # Gamma变换
8   lookUpTable = np.empty((1, 256), np.uint8)
9   for i in range(256):
10      lookUpTable[0, i] = np.clip(pow(i / 255.0, gamma) * 255.0, 0, 255)
11  res = cv2.LUT(au_images, lookUpTable)
12
13  cv2.namedWindow('Original drawing', 0)
14  cv2.namedWindow('lookup drawing', 0)
15  cv2.resizeWindow("Original drawing", 640, 400)
16  cv2.resizeWindow("lookup drawing", 640, 400)
17  cv2.imshow("Original drawing", au_images)
18  cv2.imshow("lookup drawing", res)
19
20  cv2.waitKey(0)
21
```

图 6-26　调整图像对比度程序

图片对比度修改前后对比图如图 6-27 所示。

a）原图　　　　　　　　　　　　　　　　　b）修改对比度后

图 6-27　图像对比度修改前后对比图

3. 图像相减

　　我们都知道数字是可以相减的，那图像也可以相减吗？图像相减可以检测出两幅图像的差异信息，比如在医学上经常用到，为了显示血管结构，会在血管中加入造影剂。图 6-28 是两张人体血管的图片，图 6-28a 是血管的原始图片，图 6-28b 是在血管中加入造影剂的图片。

　　观察这两张图片，我们并不能看出明显的区别在哪，不利于观察。此时我们利用图片相减，就会实现如图 6-28c 所示效果，能够清晰地看到血管结构。

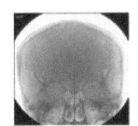
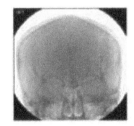
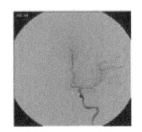

a）血管原始图片　　　b）加入造影剂的血管图片　　　c）图像相减后的图片

图 6-28　图像相减

　　图像相减就是把两幅图像对应的像素值进行相减，从而得到一张新的图片。它的主要应用有：

　　（1）去除一幅图像中不需要的图案，如缓慢变化的背景阴影。

　　（2）检测同一场景的两幅图像之间的变化。

　　（3）检测图像中是否有运动的对象。

图像相减程序截图如图 6-29 所示。

微课

```
1    import cv2
2    import numpy as np
3    import matplotlib.pyplot as plt
4
5    subtract_left = cv2.imread('D:/python example/dog1.jpg')
6    subtract_right = cv2.imread('D:/python example/dog2.jpg')
7    b, g, r = cv2.split(subtract_left)
8    dst_left = cv2.merge([r, g, b])
9    b, g, r = cv2.split(subtract_right)
10   dst_right = cv2.merge([r, g, b])
11   #图片相减
12   subtract = subtract_left-subtract_right
13   b, g, r = cv2.split(subtract)
14   dst = cv2.merge([r, g, b])
15   #绘制图片
16   fig, axes = plt.subplots(1, 3, figsize=(17, 6))
17   ax0, ax1, ax2 = axes.ravel()
18   ax0.imshow(dst_left)
19   ax1.imshow(dst_right)
20   ax2.imshow(dst)
21   plt.show()
22
```

图 6-29　图像相减程序

常见的两张图也能相减，不过可能没有特别的意义，如图 6-30 所示。

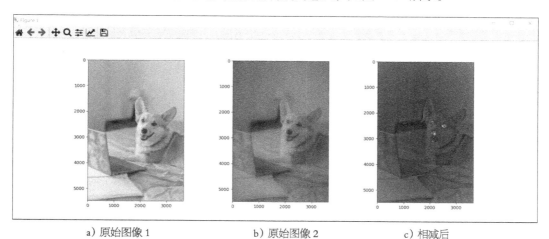

a）原始图像 1　　　　　　　b）原始图像 2　　　　　　　c）相减后

图 6-30　图像相减效果

4. 图像反转

大家有没有见过 X 光片？你留意过它的颜色特点吗？其实，刚拍出来的 X 光片（见

图 6-31 ），骨骼是深色的，为了方便查看，采
用图像反转的方式，将它转变成现在普遍看
到的样子，即骨骼变成了白色。

图像矩阵大小不变，但图像中的黑色
和白色进行了互换，这就是图像反转，如
图 6-32 所示。图像反转的本质就是使用图像
最大灰度值 255 减去原始像素值，达到反转颜
色的目的。

 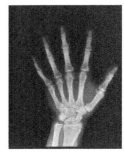

　　a）X 光片　　　　b）反转后的 X 光片

图 6-31　图像反转效果

　　　a）原图　　　　　　　　　　b）反转后的图像

图 6-32　图像反转

【实践活动】图像反转数值计算

设下表格左侧为某图片部分区域像素值，如图 6-33 所示，请你算一算，它们反转后
的像素值各是多少，并填在右边的方格中。

5. 几何变换

在车牌识别的案例中，一个高位摄像头通常会拍到几辆车，因此有些车牌会出现
歪斜或变形，想要对车牌进行识别，首先要对图片进行调整，然后才能对图片进行识
别。在这里用到的图像预处理技术就是几何变换，包括图像平移、图像翻转、图像旋
转等。

几何变换又称空间变换，它将一幅图像中的坐标位置映射到另一幅图像中的新坐标位
置，其实质是改变像素的空间位置。几何变换不改变图像的像素值，只是在图像平面上进

行像素的重新安排。适当的几何变换可以最大限度地消除由于成像角度、透视关系乃至镜头自身原因所造成的几何失真所产生的负面影响。几何变换常常作为图像处理应用的预处理步骤，是图像规范化的核心工作之一。

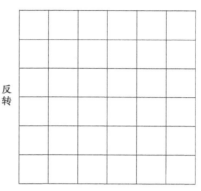

56	44	54	89	34	78
145	175	3	123	230	45
4	66	126	55	77	189
217	44	255	88	52	29
234	157	33	89	0	178
98	249	146	233	45	100

反转

图 6-33　图像反转像素值计算

【实践活动】图像的平移

将图 6-34a 所示图像向右平移 50 个像素，再向下平移 100 个像素，最终的效果如图 6-34b 所示。

微课

a）原图

b）几何变换后

图 6-34　图像平移

图像平移程序截图如图 6-35 所示。

【拓展阅读】利用几何变换进行图像数据增强

几何变换也是机器学习中数据增强的一种常用方法。比如，一张熊猫图片，不论变形、旋转，还是平移，人眼仍然能识别它是个熊猫，但计算机就不一定了。如果我们用正常姿势的熊猫来训练机器学习模型，也许计算机会认为站着的黑白相间的物体是熊猫，而躺着的就不是。因此我们需

```python
import cv2
import numpy as np
import matplotlib.pyplot as plt

pandas_img = cv2.imread('D:/python example/pandas.jpg')
b, g, r = cv2.split(pandas_img)
dst_pandas = cv2.merge([r, g, b])

# 右移50，下移100
M = np.float32([[1, 0, 50], [0, 1, 100]])
# cv2.warpAffine 接收的参数是2 x 3 的变换矩阵, 注意缩放的维度格式为 (width, heigh)
heigh, width = pandas_img.shape[:2]
pandas_translate = cv2.warpAffine(pandas_img, M, (width, heigh))

b, g, r = cv2.split(pandas_translate)
dst_pandas_translate = cv2.merge([r, g, b])

fig, axes = plt.subplots(1, 2, figsize=(17, 6))
ax0, ax1 = axes.ravel()
ax0.imshow(dst_pandas)
ax1.imshow(dst_pandas_translate)
plt.show()
```

图 6-35　图像平移程序

要把各种图片进行平移、旋转变形等操作，如图 6-36 和图 6-37 所示，来强化训练人工智能，让它们不受这些因素影响。这类数据的处理和准备的过程就叫作数据增强。另外，数据增强还能有效地提升训练样本的规模，以便训练出更准确、更智慧的机器学习模型。

以上我们所讲的图像预处理技术都属于图像增强，它可以有目的地强调图像的整体或局部特性，将原来不清晰的图像变得清晰或强调某些感兴趣的特征，扩大图像中不同物体特征之间的差别，抑制不感兴趣的特征，改善图像质量、丰富信息量，加强图像判读和识别效果，满足后续计算机进行图像识别的需要。

a）原图　　　　　　　　　　b）水平翻转

图 6-36　图像的几何变换

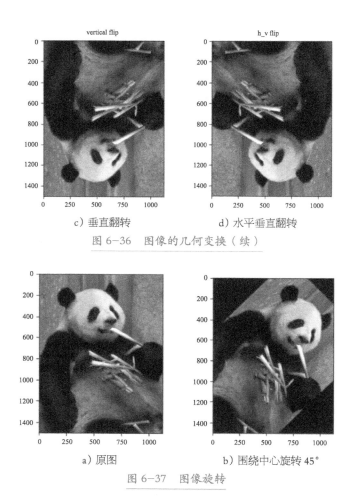

c）垂直翻转   d）水平垂直翻转

图 6-36　图像的几何变换（续）

a）原图   b）围绕中心旋转 45°

图 6-37　图像旋转

课后练习

1. 同学们有没有用过美图软件处理照片？想一想，举例说明它们在处理照片时都用到了哪些图像预处理技术？

2. 图像预处理技术从原理上来讲就是通过各种方法来改变像素点的值，以达到预期目的，你能说几种图像预处理方法吗？

3. 图像预处理的最终目的是让机器能够更好地识别图像中的内容，请你分析一下如果没有预处理会给图像的识别（如人脸识别）带来哪些困难？

第 7 章 不是魔术——卷积与卷积神经网络

生活中，我们经常会见到叫不上名字的植物，现在手机中有很多智能识花的小程序，通过拍摄植物的花卉、叶子或其他特征，很快就得到大致的答案。比如"花伴侣"APP 就是与中国科学院植物研究所合作，从《中国植物志》中选取了约 6000 个物种和 120 万幅图片，让机器进行学习训练，并且融入人类智能指导机器学习，让学习的准确率和效率不断提高。还可以通过植物智网站上传图片获得更多关于该植物的相关信息，如图 7-1 所示。

a）花伴侣拍照识花　　　　　　　　　　　b）植物智网

图 7-1　智能识花 APP 和网站

【学习起航】

1. 了解卷积和卷积核。
2. 理解像素点的卷积运算。
3. 掌握边缘检测与特征提取的原理及主要应用。
4. 理解简单人工神经网络与卷积神经网络的基本工作原理。

机器识别图像是如何工作的，又是如何变得越来越智能的呢？既然可以通过滤波的方法对图像进行预处理，那能否用类似的方法来突出图像的某些特征呢？

一、滤镜与卷积

在专业摄影中为了达到一些特殊的拍摄效果，通常需要在镜头上加上物理滤镜，例如通过图 7-2 的对比可以看出，加装渐变减光镜后画面的主体更加清晰。

a）没有安装渐变镜，地面曝光不足　　　　　b）安装渐变减光镜后，地面与天空的曝光恢复正常

图 7-2　原图和加减光滤镜后的图片

真实世界中的滤镜一般都是玻璃或树脂制作的，而计算机中想要达到和真实滤镜类似的效果，就只能用相应的计算机算法来实现了，我们可以称之为数字化滤镜。无论何种数字化滤镜，使用的过程是类似的，如图 7-3 所示，将一张原始图片作为输入，针对图片中的每一像素，经过一番运算使之变化，最后得到一张新的图片。目前，基本上所有物理滤镜能达到的效果都能够用图像处理算法来实现，除此之外，我们还可以实现很多物理滤镜达不到的变化。

a）原图　　　　　　　　　　　　　　　b）加亮滤镜处理后

图 7-3　加亮滤镜处理前后对比图

【知识讲堂】卷积核

图像处理算法和相机加装滤镜对图像的光线进行处理的原理类似，机器可以通过特定的"滤镜"对图像进行所需要的处理。在目前的人工智能技术中，最常用的图像处理方法可能就是卷积操作了。在卷积操作中，特定的"滤镜"被称为卷积核。一般 卷积核（Convolution Kernel）可以看成一个行数和列数相等的数据表格，每个格子里存放一个数。这个数据表格的大小是没有限制的，里面存放的数字具体是什么也没有限制。不过目前最常用的卷积核大小为 2×2 和 3×3 等，分别由 4 组数和 9 组数组成，如图 7-4 所示，其中 3×3 的卷积核更常见。

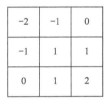

a) 2×2 卷积核　　　b) 3×3 卷积核 1　　　c) 3×3 卷积核 2

图 7-4　卷积核

通过卷积核可以对图像的像素甚至图像特征进行运算处理，虽说卷积核的大小和数字内容没有具体限制，但是选择恰当的卷积核可使处理后的图像出现各种特殊的效果，如浮雕、突出轮廓等。通过图 7-4a、b 的两个卷积核对图 7-5a 进行处理，可以分别得到图 7-5b、c 的效果。

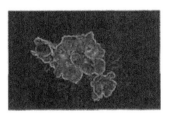

a) 原图像　　　　　　b) 卷积处理效果 1　　　　　c) 卷积处理效果 2

图 7-5　利用卷积核处理图像

二、图像的卷积

如何使用一个很小的卷积核来处理一张分辨率很高的图像呢？由于描述彩色图像所需要的数据量比灰度图像要大得多，所以除非颜色信息对我们很有用，一般我们会用灰度图像来代替原始的彩色图像，如图 7-5 所示。甚至有时候我们会用只有黑色和白色的二值图像来举例子，在二值图像中，每个像素非黑即白，我们分别用 0 和 1 表示就可以了，可以认为二值图像是灰度图像中最简单的一种，如图 7-6 所示。

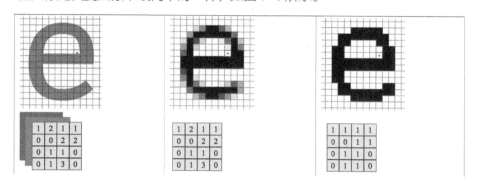

图 7-6　原图、灰度图和二值图

我们知道灰度图像放大后也是由一个个像素点组成，通过卷积核对单个像素点的灰度值进行运算的规则是：每次在原图上取与卷积核相同大小的区域，该像素点及其周围像素点的灰度值分别与卷积核对应位置的数值相乘后累加，用累加后的新数值去取代原图中的灰度值。这个过程就可以称为卷积操作了，记作"*"。

卷积操作后生成的新图称为特征图，因此，图像卷积操作的过程可以认为是提取特征图的过程，如图 7-7 所示。

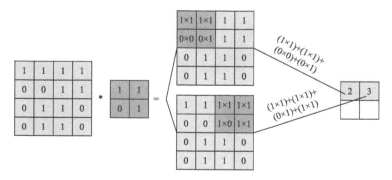

a）2×2 卷积核生成特征图的过程

图 7-7　卷积生成特征图过程

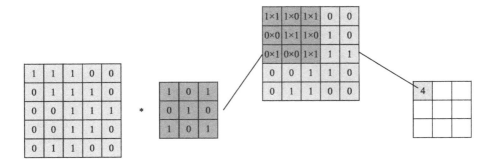

b）3×3卷积生成特征图的过程

图 7-7　卷积生成特征图过程（续）

【实践活动】卷积运算

对坐标点 F（1，1）的像素进行卷积运算，如图 7-8 所示。

对图像中间的灰度值 3，经过卷积运算后的灰度值计算过程为：

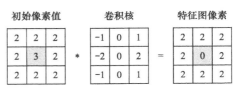

图 7-8　卷积运算

$$F'(1, 1)=F(1,1)*G$$

$$=(-1×2)+(0×2)+(1×2)$$

$$+(-2×2)+(0×3)+(+2×2)$$

$$+(-1×2)+(0×2)+(1×2)$$

$$=0$$

【拓展阅读】像素填充

我们利用3×3卷积核生成特征图时发现，原始图像最外侧的一圈像素周围是凑不齐8个像素的，如果每次卷积都移动一格，会导致生成的特征图比原始图片要小的情况。如果我们希望特征图和原始图像一样大，就需要默认在图像周围填充一圈0值以避免处理过程中丢失边缘的问题，这个过程称为像素填充，如图7-9所示。填充完毕后，再进行卷积运算，我们就可以得到和原始图片大小一样的特征图了。

0	0	0	0	0
0	2	2	2	0
0	2	2	2	0
0	2	2	2	0
0	0	0	0	0

图 7-9　填充后的像素

另外，卷积运算后的像素值可能会出现超过 255 或者负值（小于零）的情况，此时，如果值大于 255，则用 255 代替；如果值小于 0，则用 0 代替，这就保证了像素值始终在一个正确的范围内。

【实践活动】

对坐标点 F（2，1）的像素进行卷积运算，如图 7-10 所示。

初始像素值				卷积核				特征图像素		
2	2	2		−1	0	1		2	2	2
2	3	2	*	−2	0	2	=	2	3	0
2	2	2		−1	0	1		2	2	2

图 7-10　卷积运算

$$F'(2,1)=F(2,1)*G$$

$$=(-1 \times 2)+(0 \times 2)+(1 \times 0)$$

$$+(-2 \times 3)+(0 \times 2)+(+2 \times 0)$$

$$+(-1 \times 2)+(0 \times 2)+(1 \times 0)$$

$$=-10$$

因 −10<0，故用 F'(2, 1) 的值用 0 代替

【知识讲堂】图像的卷积

对一幅图像可以从左至右或从上向下、每隔若干列（可以是 1 列或其他整数列）像素向右移动进行卷积，如图 7-11 所示按照由深到浅的顺序，每次向右移动 1 列，当一行卷积运算完成后，再下移若干行（可以是 1 行或其他整数行），重复上面的过程，直至完成所有卷积运算。

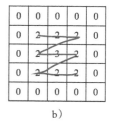

图 7-11　图像的卷积运算过程示意

如果每次不止移动一列（行），结果会如何？因为每进行一次卷积会生成一个新像素，所以如果只移动一次，卷积后的特征图的像素点数量和原图一致；如果每次移动多列，则卷积后的像素点会减少。图 7-12 表示每次移动两列，深蓝色代表卷积核，3×3 的图卷积

完成后会生成 2×2 的特征图。

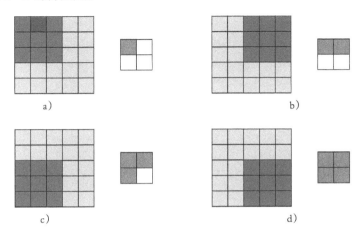

图 7-12　每次移动两列生成的特征图

　　其实，特征图的尺寸变小是有很多好处的，例如对计算量很大的机器学习任务来说，小特征图在存储图像大部分特征的同时数据量变小了，能够节约很多的计算能力和时间。另一个角度来说，特征图在保留有用信息的同时也去除掉了不少冗余无用的信息，能够让机器学习算法更加专注的学习图像的精髓。

【实践活动】图像的卷积处理

　　我们来尝试用几个代表性的卷积核来处理图像。

（1）打开图像卷积处理网站，单击【选择文件】，在图片文件夹下选择"塔"的图片文件后确认，可以看到原图预览，左边为卷积核的 9 个数值，如图 7-13 所示。

微课

图 7-13　打开原图

（2）将光标移动到任意一个方格，数值的右边会出现上下的箭头 ，可以直接填写数值或单击上下箭头调整数值大小，修改过程中会实时看到图片效果的变化，分别将卷积核的 9 个数值设置为"0、0.2、0、0.2、0、0.2、0、0.2、0"，会看到模糊效果的图像，如图 7-14 所示。

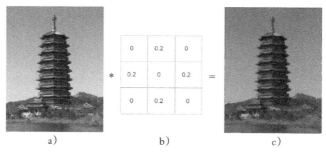

a)   b)   c)

图 7-14 卷积实现图像模糊效果

（3）分别将卷积核数值设置为"0、-1、0、-1、5、-1、0、-1、0"，会看到锐化效果的图像，如图 7-15 所示。

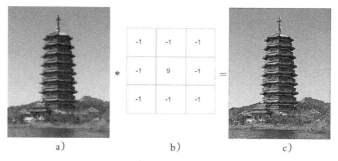

a)   b)   c)

图 7-15 卷积实现图像锐化效果

（5）分别将卷积核数值设置为"-2、-1、0、-1、1、1、0、1、2"，会看到浮雕效果的图像，如图 7-16 所示。

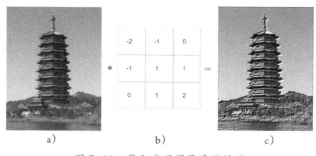

a)   b)   c)

图 7-16 卷积实现图像浮雕效果

【交流讨论】修改卷积核数值并观察

请同学们重新选择一幅图片，尝试修改卷积核中的数值，并观察图像的效果发生哪些变化？又有什么规律？分享你观察到的规律。

三、卷积实现图像的边缘检测

提取图像边缘特征是图像处理与识别中一种十分重要的处理方法。通过卷积进行边缘检测就是对图像中的每个像素的灰度值进行卷积运算，用得到的新灰度值代替原来的灰度值所得到的图像。这种方法可以找到图像中亮度剧烈变化点，从而把需要的轮廓提取出来。如图 7-17 所示是在车牌识别中提取出号码与背景的区域边界轮廓。

a)

b)

图 7-17　卷积提取车牌边缘特征

【知识讲堂】索贝尔算子

索贝尔算子（Sobel Operator）是一类常用的边缘检测算子，它有多种类型，都是由 9 个特定数字组成的 3×3 卷积核。常见的有 x（水平）方向和 y（垂直）方向索贝尔卷积算子，以及同时进行两个方向的卷积处理。x 方向检测右边缘和 y 方向检测上边缘卷积核的 9 个数字如图 7-18 所示。索贝尔算子能产生较好的检测效果，而且对噪声具有平滑抑制作用，但是得到的边缘较粗，且可能出现伪边缘。

-1	0	1
-2	0	2
-1	0	1

G_x

1	2	1
0	0	0
-1	-2	-1

G_y

图 7-18　水平和垂直方向索贝尔卷积算子

【实践活动】边缘检测

利用边缘检测方法提取图像典型特征，如图 7-19 所示。

（1）打开边缘检测算法网站，单击【选择文件】按钮，在素材包中找到"边缘检测"图片文件后确认，在下方可以看到原图预览。

微课

a）原图

b）x 方向 Sobel 边缘检测

c）y 方向 Sobel 边缘检测

d）两个方向 Sobel 边缘检测

图 7-19　Sobel 边缘检测

（2）单击【水平 Sobel】按钮，可以看到 x 方向索贝尔边缘检测后的效果。

（3）单击【垂直 Sobel】按钮，可以看到 y 方向索贝尔边缘检测后的效果。

（4）单击【水平 + 垂直 Sobel】按钮，可以看到同时进行 x 和 y 方向索贝尔边缘检测后的效果。

四、人工神经网络及训练

学习是人的重要能力，人类通过学习来总结规律的认知过程也启发了人工智能的有关研究，能否模拟人类大脑的学习过程来训练机器让它变得更"聪明"呢？

【知识讲堂】人工神经网络

人工神经网络就是一种机器模拟人类大脑学习的方法，简单来说，我们可以把它看成一种可以对输入的数据进行分类的机器。就像我们平时写作业和考试是为了训练专业知识能力；跑步或者打球是为了训练运动能力。人工神经网络也需要训练。一个人工神经网络初始的状态就像一个小婴儿一样，随着我们不断向它输入数据和知识，经过一段时间，它就会变得越来越有"判断力"，换句话说，变得更"聪明"了。

【知识讲堂】人工神经网络的组成

下面通过一个具体例子来介绍人工神经网络的组成要素，图 7-20 所示是对手绘图形进行识别的人工神经网络，在图中可以看到很多徒手绘制的并不是很规范的图形（假设只有三角形和矩形两种），我们需要让神经网络来识别出每一个图形属于哪种类别，即是三角形还是矩形。如果仅让机器判断是不是三角形，实际上就变成了二分类问题，因为不论给定什么样的输入，计算机要么识别成是三角形，要么识别成不是三角形（是矩形），不会有其他情况。一个神经网络的基本组成要素包括以下几种。

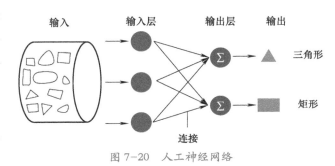

图 7-20　人工神经网络

（1）输入层：原始数据从输入层输入，如图 7-20 中输入手绘图形的数据。

（2）输出层：输出层类似于一个投票系统，每种类别就好像每个候选人，由输出层对投票的结果进行计票，并给出最终分类判断。本例中，假如输出层对某个图形的投票进行统计，得到支持该图形是三角形的票数是 2，而不是三角形（是矩形）的票数是 1，那么按照少数服从多数的原则，输出层会判断该图形是三角形。

（3）节点（神经元）：节点在图 7-20 中用圆圈表示，它类似于人大脑的神经元，能够对传递过来的数据进行响应，例如，输入层某个神经元可能会对三角形感兴趣，输出层某个神经元会负责给三角形计票。

（4）连接：连接是神经元之间的连线，用来表示神经元之间的联系。例如，输入层某个神经元（节点）投票给三角形，就建立其和三角形计票神经元之间的联系。

【知识讲堂】训练人工神经网络

图 7-20 所示的人工神经网络还不具有识别能力，需要通过训练来确定连接的数值。那么在训练之前，神经网络的连接数值完全是随机设定的，它的分类能力也很差。所谓的训练就是抛给神经网络很多预先知道分类答案的数据让它去识别，一旦神经网络分类错

误，我们就提醒它，它就会自己调节相应连接的数值。一般来说，随着训练次数的增加，神经网络的分类准确度就会越来越高了。

下面通过一个智能视频推荐的例子来说明人工神经网络的训练过程。

视频 APP 会自动推荐很多视频，假设只有两类，一类是科普视频，另一类是动画片，APP 会自动记录我们的使用习惯并尝试在下次推荐的时候更加精准。

假设小明同学观看视频类型的规律如下。

（1）在家的时候喜欢看科普视频。

（2）外出的时候喜欢看动画片。

（3）当和他的同学在一起的时候，无论在家还是外出都喜欢看动画片。

但是，上面这个规律只有小明知道，神经网络并不知道。这就需要对神经网络进行训练。在训练神经网络之前，首先要确定向神经网络输入的数据到底是什么样子的。也就是说我们需要将小明所处的状态用数值表示出来，这个过程叫编码。在这个例子中，一个编码要能体现出小明的三种状态，即小明是否在家、小明是否外出、小明是否和同学在一起。可以用如表 7-1 表示小明状态的编码，编码一共 3 位。

表 7-1　小明状态编码

编码位数	第 1 位	第 2 位	第 3 位
编码意义	小明是否在家	小明是否外出	小明是否和同学在一起
编码取值	是为 1，否为 0	是为 1，否为 0	是为 1，否为 0

现在我们就可以用这个编码来描述小明的状态了，例如，小明和同学一起外出旅行，那么对应的编码应该是 [0,1,1]；而小明独自在家，对应的编码应该是 [1,0,0]。有了这种编码手段，就可以将小明的状态输入神经网络了。

编码完成后，还不能直接进行训练。因为训练就好比同学们做作业一样，如果老师不批改作业，也不把正确答案告诉大家，那么这样的训练就毫无意义，因为同学们并不知道自己有没有做对。因此，小明要准备一些有答案的考题，输入神经网络中。这些考题叫作训练样本。而小明针对每个考题样本给出的答案，就叫作样本标注。表 7-2 就是一些附带了标注的训练样本。

表 7-2　训练样本的标注

样本编号	小明的状态编码	正确的视频推荐结果
1	[0,1,1]	动画片
2	[1,0,0]	科普视频
3	[0,1,0]	动画片

图 7-21 中小明就可以根据这个样本表格来训练神经网络了。在神经网络中对每一种连接有赞成（计 1）、弃权（计 0）、反对（-1）三种结果，小明通过点赞或差评来告诉机器是否喜欢它的推荐。

（1）第一次场景：外出情形，机器推荐了科普视频，小明点了差评，表示推荐不正确，如图 7-21a 所示。

（2）机器根据第一次学习结果调整投票规则，神经元改为给动画片投赞成票，给科普视频投弃权票，如图 7-21b 所示，注意图中数值的变化。

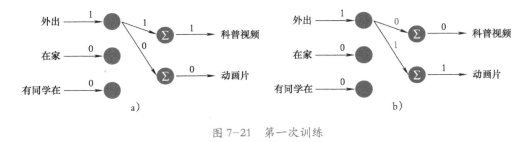

图 7-21　第一次训练

（3）第二次场景：小明独自在家，机器推荐了动画片，小明再次点了差评，如图 7-22a 所示。

（4）机器再次更改投票规则，改给科普视频投赞成票，而动画片投弃权票，如图 7-22b 所示。

（5）第三次场景：在家，但和同学在一起。机器通过第二次场景学习到的规律，并且忽略了有同学在的情形，推荐了科普视频，但是小明仍然点了差评，如图 7-23a 所示。

（6）机器更改投票规则，增加了一个神经元给科普视频投了反对票（计 -1）而给动画片投了赞成票，这样负责给科普视频计票的神经元得到的结果为 0，而给动画片计票的神经元得到的结果为 1，表示下次同样的场景会推荐。

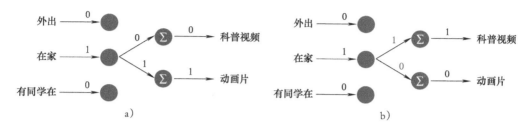

图 7-22　第二次训练

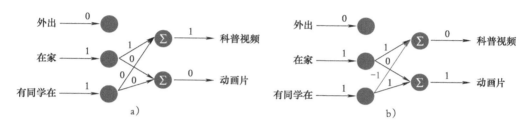

图 7-23　第三次训练

（7）汇总三次的学习结果，并且忽略连接中为 0 的节点，得到最终学习出神经网络结构（如图 7-24 所示）。

如果训练的过程很顺利，训练后的神经网络就能理解小明的视频偏好了，随便给它一个小明的状态编码，它就能准确地给小明推荐合适的视频内容了。

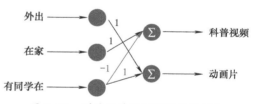

图 7-24　训练后的视频推荐神经网络

【知识讲堂】多层神经网络

上面的例子只是简化情况，实际的影响因素比上面复杂得多，例如是否有长辈的强烈干预、外出旅行由于某种原因不得不选科普视频等。这时除了要增加输入神经元数量外，还需要增加节点的层数，类似于多轮差额选举，增加的层数称为隐含层。一般情况，黑色的连接代表 1、蓝色的连接代表 −1，但是图中出现了例外，例如长辈干预会占有更多的票数，如图 7-25 所示。

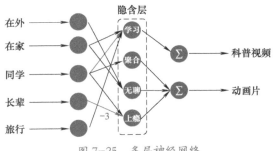

图 7-25　多层神经网络

【知识讲堂】利用神经网络识别图像

同理，可以用人工神经网络来训练识别图片。我们徒手在 4×4 像素的方格中写"1"和"-1"，让机器去识别到底是哪个数字，这也可以转换为一个图像二分类问题（见图 7-26）。这个神经网络的训练过程和上面视频推荐的例子并无本质不同，也是要进行数据编码、训练样本准备和标注、训练这几个步骤，训练完成后的模型就可以进行分类任务了。

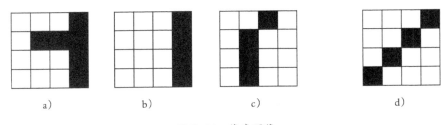

图 7-26　像素图像

以图 7-26a 为例，分类过程如下：

（1）将网格按行分为 4 组像素，给像素标号，各行的像素依次为 0～3、4～7、8～11、12～15。而每个像素点根据是否被涂黑，用 0 或 1 表示。这个过程就是我们前面提过的编码过程。

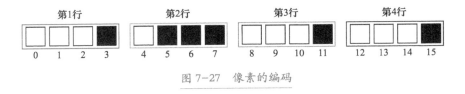

图 7-27　像素的编码

（2）每一个像素对应一个神经元输入，将所有像素改为竖向排列，可以构建如图7-28所示的神经网络，为了示意，连接之间没有写具体数值。

（3）可以利用类似前面的方法，经过多次训练进一步确定连接的具体数值大小。

五、卷积神经网络

通过单个像素提取图像特征运算量太大且缺乏可操作性，例如，目前的图像识别采用的图像通常是224×224像素

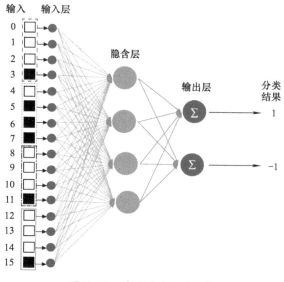

图7-28　神经网络识别图像

以上的彩色图像，加上红、绿、蓝三个通道还需要分别处理，隐含层的节点可能达到1024个，这样计算的连接数值的数量会达到惊人的1.5亿！设想一下刷脸识别进火车站，如果识别过程需要数分钟以上，则实用价值就大打折扣了。

恰好我们前面学到了一种提取图像特征的好方法，这就是卷积。卷积神经网络就是通过神经网络来提取图像特征的方法。如果用卷积神经网络对图像的正方形区域进行卷积，这样分类效率则会高很多，我们前面讲过，经过卷积后特征图的尺寸是可以变小的，这就能极大地减轻了计算工作量了。

我们从前面视频推荐的例子可以看出，训练的过程实际上是在调整节点的投票数值，那么卷积神经网络中的训练究竟在训练什么呢？如果我们用滤镜来类比卷积，那么卷积神经网络可以认为是一层层的滤镜结构，原始图片通过一个卷积层，会变成若干个尺寸略小的特征图（这是因为每一个卷积层的卷积核不止一个，一个图片经过多个卷积核的操作就变成多个特征图了），这些特征图再经过一个卷积层就又变成更多的、尺寸更小的特征图。这样一步一步过滤的过程就叫作卷积神经网络的特征提取，如图7-29所示，该图为LeNet-5卷积神经网络的图像特征提取，LeNet-5可以说是CNN网络架构中最经典的网络模型，一般被认为是卷积神经网络成熟应用的开山之作。

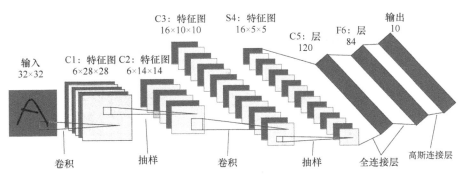

图 7-29　LeNet-5 卷积神经网络提取图像特征

经过特征提取之后，我们要分类判断的就不是原始的图片了，而是一些尺寸较小的特征图，将这些特征图进行类似于前面投票的分类，得到最终的分类结果。

【知识讲堂】卷积神经网络的训练

如果卷积神经网络不经过训练的话，分类效果一定很糟糕，因为这些卷积层中的卷积核的数值都是随机生成的，根本不能提取出有效的特征。这就好像一个人带了不合适的眼镜，反而看不清了。所以我们训练的主要对象其实是这些卷积核，通过一些带有标注的训练样本，不断地训练，督促卷积核将参数调整得非常好，才能生成有意义的特征图。这样我们即便输入一个没有标注的图像，神经网络也能很好地将它分类了。

下面以图 7-28 为例，我们将它划分为 4 个 2×2 区域，卷积核为 2×2，每个区域经过卷积运算后会生成特征值，相应的人工神经网络结构变成如图 7-30 所示。相应地隐含层变为卷积层，最终对目标图像进行分类识别。

16 个像素点的图像对应到神经网络中的 4 个节点，可以将这四个节点组合起来

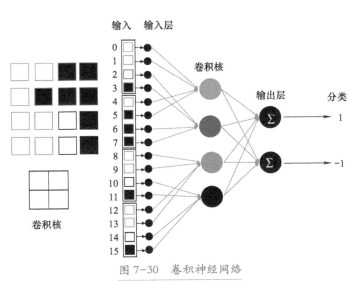

图 7-30　卷积神经网络

以形成特征图的"像素",如图 7-31 所示。

【知识讲堂】深度卷积神经网络

对一般图像来说,一层卷积核只能提取有限的特征,如果要提取更丰富的特征,可以同时用多个卷积核进行特征提取,这就组成了深度卷积神经网络,所谓深度既可以指每一个卷积层的卷积核数量多,也可以指卷积层的层数特别多。深

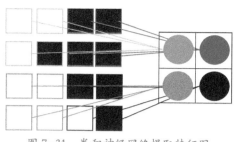

图 7-31　卷积神经网络提取特征图

度卷积神经网络能够提升图像识别的准确性,但是需要付出的代价是,它的计算量也非常的大。

图 7-32 是 20 个 5×5 卷积核对 64×64 像素的图像进行卷积后的效果,可以直观地看到 20 张不同图像的特征差异。

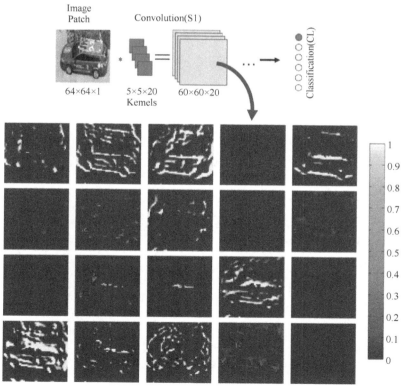

图 7-32　深度卷积神经网络示例

【拓展阅读】从机器学习到深度学习

学生会学习，机器也会学习吗？想想我们小时候怎么掌握加减乘除的，是不是通过老师讲、大量地做习题、对答案、找错误这样的训练过程。对计算机来说，加减乘除这样的任务当然用不着训练，直接写程序就行。哪怕是一些非常复杂的任务，例如火箭发射的程序，科学家和工程师们也能写好。反而是一些对人来说非常随意的任务，很难写出计算机程序。例如区分猫和狗、识别苹果和橘子，连不会加减乘除的幼儿都能做到，却很难定义运算规则让计算机执行。对于这类任务，我们可以去"训练"一个计算机程序，给它习题和答案，让它自己找规律，这就是机器学习。

机器学习的历史可以追溯到 20 世纪中期，那时的统计学家发明了从一批数据中总结特点，从而对新数据进行预测的方法。同时，神经心理学家发现在生物体的大脑中也存在类似机制，能够从"数据"（对神经元的刺激）中积累"知识"（神经元之间的连接关系）。但直到 20 世纪 80 年代，机器学习才得到系统性的发展，成为人工智能领域的一个重要研究方向。这和 80 年代个人计算机的普及不无关系。实际上，机器学习的发展和"机器"的计算能力经常是互相促进的。最近这次人工智能热潮源自深度学习技术的出现，一个重要原因就是计算机的运算和存储能力进展到了能够支持"深度"模型的程度，深度学习的广泛应用又促使工程师们设计更强大的计算机。

机器学习有两大要素：模型和数据。模型是一个通用的计算机程序，像人脑一样，是可以被训练的。例如 $y=ax+b$ 就是一个非常简单的模型，输入 x，输出 y，通过调整参数 a 和 b，它就能完成不同的任务。例如，当 a 是重力加速度，b 等于 0，它就可以完成从物体的质量计算其重力的任务。（你能想到其他任务吗？）

科学家们发明了很多机器学习模型，例如决策树、支持向量机、人工神经网络等，每种模型都有对应的训练方法和适用的数据类型。其中人工神经网络是一类特定的规则，也许它的每一步操作只比 $y=ax+b$ 复杂一点，但通过叠加多个操作，就能完成非常复杂的任务，尤其适合处理图像和语音。当人工神经网络的学习层数多、数据量很大时，我们就称它为深度学习。

所以说，深度学习是机器学习的一部分，而机器学习又是人工智能的一部分。在整个人工智能领域，仍然有许多值得研究和挖掘的问题，希望有致于此的读者们学好基础知识，准备迎接挑战。

课后练习

1. 进行像素卷积运算，将数值填写在图7-33中最右边的方框中。

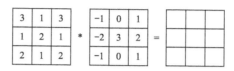

图 7-33　卷积运算

2. 选择一张物品的照片进行卷积操作，尝试选择恰当的卷积核或设置不同的参数，实现以下效果：

（1）图片模糊化的轮廓。

（2）图片模糊化。

（3）图片模糊化的局部细节，如物品上的花纹。

3. 某购物 APP 尝试根据以下规则向家长推荐学习读物。请根据所学的人工神经网络训练方法，设计单层人工神经网络，并计算连接的数值大小，让机器可以准确推荐。

（1）学期开始和期末会购买教辅书。

（2）学期中间会购买科普书。

（3）如果当前有一档学习相关的节目流行，即使在学期中间也会购买教辅书。

4. 思考题：卷积神经网络只是神经网络家族中的一种模型，目前发展最为迅猛的人工智能技术非"大语言模型"莫属（ChatGPT 就是一种大语言模型），这种模型是指使用大量文本数据训练的深度学习模型，里面往往包含了拥有上千亿参数的神经网络结构。请你利用搜索引擎了解一下大语言模型技术，并体会一下这种技术带来的惊人效果，思考如何利用这种技术造福人类？这种技术将带来怎样的人工智能伦理风险？

第 8 章　泾渭分明——图像分割

庆祝建国 70 周年期间，人民日报、天天 P 图等很多 APP 推出了换装功能，用户只需上传或拍摄一张自拍照，1 秒之内就能换上不同时期的军装造型，如图 8-1 所示。你知道机器是如何快捕捉脸部图像并换到模板图像中的吗？它应用了本节将要学到的图像分割技术。

图 8-1　神奇的换装功能

【学习起航】

1. 了解图像分割的主要应用。

2. 掌握阈值分割算法的原理和效果。

3. 了解交互式分割和超像素分割。

一、抠图与图像分割

"抠图"是图像处理中最常用的操作之一，是指把图片或影像的某一部分从原始图片或影像中分离出来。传统图像编辑工具中一般都提供了套索、快速选择工具、魔棒、钢笔、蒙版等多种抠图工具。初学者要勤加练习，再辅以足够的耐心和细心才能掌握相关技术。

如今，很多网站和 APP 都提供在线自动抠图功能，它能利用人工智能技术自动识别需要保留的主体并去除背景，大大降低了技术门槛。

【实践活动】体验在线抠图

请访问在线抠图网站，上传一张人像照片，尝试将其中的主体人物分离出来，如图 8-2 所示。

微课

a）原图

b）抠图效果

图 8-2　体验在线抠图

【交流讨论】计算机"眼中"的世界

人眼捕捉的图像是真实世界的客观状态，是一组连续的图像，内容丰富、信息量大，人们可以借助经验识别自己感兴趣的物体，例如：人物、车辆、建筑等。

请观察图 8-3 中机器"眼中"的世界：CT、B 超、X 光片等医学影像技术可以辅助医生诊断病情，无人车通过激光雷达可以观察路况信息。这些图像信息有什么特别之处呢？

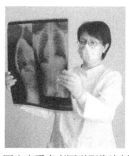
a）医生查看患者医学影像资料

b）无人车"眼中"的图像

图 8-3　人与机器"眼中"的图像

【知识讲堂】图像分割

图像分割是指根据灰度、彩色、空间纹理、几何形状等特征把一幅图像划分成若干个互不相交的区域，使得这些特征在同一区域内表现出一致性或相似性。简单地说，图像分割是一个标记、分类的过程，例如，借助简单的颜色就可以把完整的图像划分出天空、道路、房子等几个区域。

图像分割的作用是简化或改变图像的表示形式，是图像识别和图像理解的重要前提。目前图像分割已经在实际生活中应用得很广泛了。例如，人脸识别中将人脸与背景分割开，卫星定位中将关键目标与背景进行区分，无人驾驶中将道路、车辆、行人进行分割等。图 8-4 显示了车载摄像头探查到的图像，后台计算机可以自动将图像分割、归类，便于识别哪里是行人、哪里是道路等。

图 8-4　图像分割在无人驾驶中的应用

【实践活动】体验朴素的图像分割

通过黑、白两种颜色区分、识别表格信息，在数值为 0 的单元格涂满黑色，标记完成后，查看表格呈现出哪些信息，如图 8-5 所示。

1	1	1	1	1	1	1	1	1	1	1	1	1	1	1	1	1	1	1	1	1	1	1
1	1	1	0	1	1	1	0	0	0	0	1	1	0	0	0	0	1	1	1	1		
1	1	0	0	1	1	1	1	0	1	1	1	1	0	1	1	1	1					
1	1	1	0	1	1	1	1	0	1	1	1	1	0	1	1	1	1					
1	1	1	0	1	1	1	0	0	0	0	1	1	0	1	1	1	1					
1	1	1	0	1	1	1	0	1	1	1	1	1	0	0	1	1	1					
1	1	1	0	1	1	1	0	1	1	1	0	1	1	0	1	1	1					
1	1	0	0	0	1	1	0	0	0	0	1	1	0	0	1	1	1					
1	1	1	1	1	1	1	1	1	1	1	1	1	1	1	1	1	1					

图 8-5　体验朴素图像分割

二、图像阈值分割

阈值又叫临界值、分界值，它是指一个效应能够产生的最低值或最高值。例如，0 是判断正数或负数的阈值，大于 0 的数为正数，小于 0 的数为负数；满分为 100 时，60 分是判断考试成绩及格或不及格的阈值，大于等于 60 分为及格，小于 60 分为不及格。

阈值分割是一种经典的图像分割算法，它可以将一幅灰度图像转换为黑、白两种颜色，从而区分前景和背景，如图 8-6 所示。通过前面的学习，我们知道灰度图中的每个像素点可以为 0 ～ 255 中的任意数值，而阈值分割可以将像素点的数值按照非黑即白的方式转换，也就是任何一个像素点只能是黑色或白色中的一种，而不存在中间的灰色地带。那么计算机是按照什么样的步骤完成这种转换呢？下面就是算法的主要步骤：

a）原图

b）阈值 =20

c）阈值 =120

d）阈值 =200

图 8-6　不同阈值的图像分割效果

（1）设定阈值 T，即黑白分界值，例如 150。

（2）如果当前像素灰度值大于 T，颜色设置为 255（即白色），否则就设为 0（黑色）。

（3）按以上方法重新设定所有像素点的灰度值。

其中，最为关键的一步就是按照某个准则来确定最佳阈值，阈值过小或过大都容易损失重要细节。因此，此方法适用于分割前景和背景的灰度差较大的图像，例如识别车牌、文字等。

【**实践活动**】编程实现不同阈值分割的效果

微课

通过编程实现阈值为 50、120 和 200 的图像分割效果：

（1）编写程序，读入一张车牌图片。

（2）设定阈值为 50，查看分割效果。

（3）设定阈值为 120，查看分割效果。

（4）定阈值为 200，查看分割效果。

参考程序如图 8-7 所示，实现过程如下：

（1）编写程序，读入一张车牌图片，如图 8-8 所示。

（2）设定阈值为 50，查看分割效果，如图 8-9 所示。

```
01.    """
02.    固定阈值进行图像分割
03.    """
04.    import cv2
05.    import numpy as np
06.
07.
08.    if __name__ == '__main__':
09.        path='./images/timg3.jpg'
10.        original_img = cv2.imread(path, 0)
11.        threshold=50
12.        res_img=cv2.threshold(original_img, threshold, 255, cv2.THRESH_BINARY)[1]
13.        print(res_img)
14.
15.        threshold_1 = 120
16.        res_img_1 = cv2.threshold(original_img, threshold_1, 255, cv2.THRESH_BINARY)[1]
17.
18.        threshold_2 = 200
19.        res_img_2 = cv2.threshold(original_img, threshold_2, 255, cv2.THRESH_BINARY)[1]
20.
21.        cv2.imshow('original_img', original_img)
22.        cv2.imshow('res_img_50', res_img)
23.        cv2.imshow('res_img_120', res_img_1)
24.        cv2.imshow('res_img_200', res_img_2)
25.        cv2.waitKey(0)
26.
27.        cv2.destroyAllWindows()
```

图 8-7　程序截图

图 8-8　原图

图 8-9　阈值为 50 分割

（3）设定阈值为 120，查看分割效果，如图 8-10 所示。

（4）设定阈值为 200，查看分割效果，如图 8-11 所示。

图 8-10　阈值为 120 分割

图 8-11　阈值为 200 分割

【拓展阅读】根据灰度直方图确定阈值

灰度直方图是反映一幅图像中各灰度级像素出现的频率与灰度级的关系，以灰度级为横坐标，频率为纵坐标。通俗地说，它能反映图像中每个灰度级的像素个数，横坐标就是 0～255 的灰度级别，而纵坐标就是某一灰度级别像素的具体数目。

当我们发现某一幅图像的灰度直方图中有两个明显的波峰和一个明显的波谷时，如图 8-12b 所示，说明图像的对比度很高，深浅分明，那么这个波谷对应的灰度值就可以作为阈值。当然，如果波峰和波谷并不明显的话，通过直方图确定阈值就不那么容易了，常常需要结合人的经验通过多次尝试调整才能确定。甚至有时候我们根本找不到一个合适的阈值能够将期望的目标分割出来。

a)

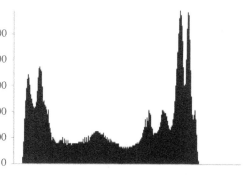

b)

图 8-12　灰度图像及直方图

三、交互式图像分割

对于复杂的彩色图像来说，图像分割技术存在一定局限性，分割效果往往达不到人工抠图的精度。因此，将人的智慧和人工智能技术结合起来的交互式图像分割会更加精准，如图 8-13 所示。它是由人类能够通过自己的经验大致识别出图像中的物体哪些是目标、哪些是背景，先由用户通过交互的方式给计算机一个粗略的指导和标注，计算机就会按照人类给出的大致范围，像"智能剪刀"一样精确地将图像分割出最佳效果。

扫一扫看彩图

　　a）原图　　　　　　　b）分割过程　　　　　c）分割后的图像

图 8-13　交互式图像分割

典型的交互手段包括用笔刷工具在前景和背景处各画几笔、在前景的周围画一个方框等，如图 8-13b 中的蓝色线条所示。

【实践活动】体验交互式分割

交互式分割程序代码如下。

微课

```python
# 交互式前景分割
import cv2
import matplotlib.pyplot as plt
import numpy as np
import time

img_src = 'D:/python example/pandas2.jpg'

drawing = False
mode = False


class GrabCut:
    def __init__(self, t_img):
        self.img = t_img
        self.img_raw = t_img.copy()
        self.img_width = t_img.shape[0]
        self.img_height = t_img.shape[1]
```

```
        self.scale_size = 640 * self.img_width // self.img_height
        if self.img_width > 640:
            self.img = cv2.resize(self.img, (640, self.scale_size), interpolation=cv2.INTER_AREA)
        self.img_show = self.img.copy()
        self.img_gc = self.img.copy()
        self.img_gc = cv2.GaussianBlur(self.img_gc, (3, 3), 0)
        self.lb_up = False
        self.rb_up = False
        self.lb_down = False
        self.rb_down = False
        self.mask = np.full(self.img.shape[:2], 2, dtype=np.uint8)
        self.firt_choose = True


# 鼠标的回调函数
def mouse_event2(event, x, y, flags, param):
    global drawing, last_point, start_point
    # 左键按下：开始画图
    if event == cv2.EVENT_LBUTTONDOWN:
        drawing = True
        last_point = (x, y)
        start_point = last_point
        param.lb_down = True
        print('mouse lb down')
    elif event == cv2.EVENT_RBUTTONDOWN:
        drawing = True
        last_point = (x, y)
        start_point = last_point
        param.rb_down = True
        print("mouse rb down")
        # 鼠标移动，画图
    elif event == cv2.EVENT_MOUSEMOVE:
        if drawing:
            if param.lb_down:
                cv2.line(param.img_show, last_point, (x, y), (0, 0, 255), 2, -1)
                cv2.rectangle(param.mask, last_point, (x, y), 1, -1, 4)
            else:
                cv2.line(param.img_show, last_point, (x, y), (255, 0, 0), 2, -1)
                cv2.rectangle(param.mask, last_point, (x, y), 0, -1, 4)
            last_point = (x, y)
    # 左键释放：结束画图
    elif event == cv2.EVENT_LBUTTONUP:
        drawing = False
        param.lb_up = True
        param.lb_down = False
        cv2.line(param.img_show, last_point, (x, y), (0, 0, 255), 2, -1)
        if param.firt_choose:
            param.firt_choose = False
        cv2.rectangle(param.mask, last_point, (x, y), 1, -1, 4)
```

```
            print('mouse lb up')
        elif event == cv2.EVENT_RBUTTONUP:
            drawing = False
            param.rb_up = True
            param.rb_down = False
            cv2.line(param.img_show, last_point, (x, y), (255, 0, 0), 2, −1)
            if param.firt_choose:
                param.firt_choose = False
                param.mask = np.full(param.img.shape[:2], 3, dtype=np.uint8)
                cv2.rectangle(param.mask, last_point, (x, y), 0, −1, 4)
                print('mouse rb up')


if __name__ == '__main__':
    img = cv2.imread(img_src)
    if img is None:
        print('error: 图像为空 ')
    g_img = GrabCut(img)

    cv2.namedWindow('image')
    # 定义鼠标的回调函数
    cv2.setMouseCallback('image', mouse_event2, g_img)
    while True:
        cv2.imshow('image', g_img.img_show)
        if g_img.lb_up or g_img.rb_up:
            g_img.lb_up = False
            g_img.rb_up = False
            start = time.process_time()
            bgdModel = np.zeros((1, 65), np.float64)
            fgdModel = np.zeros((1, 65), np.float64)

            rect = (1, 1, g_img.img.shape[1], g_img.img.shape[0])
            print(g_img.mask)
            mask = g_img.mask
            g_img.img_gc = g_img.img.copy()
            cv2.grabCut(g_img.img_gc, mask, rect, bgdModel, fgdModel, 5, cv2.GC_INIT_WITH_MASK)
            elapsed = (time.process_time() − start)
            mask2 = np.where((mask == 2) | (mask == 0), 0, 1).astype('uint8')
            # 0 和 2 做背景
            g_img.img_gc = g_img.img_gc * mask2[:, :, np.newaxis]
            # 使用蒙板来获取前景区域
            cv2.imshow('result', g_img.img_gc)

            print("Time used:", elapsed)

        # 按下 ESC 键退出
        if cv2.waitKey(20) == 27:
            break
```

原图像如图 8-14 所示。

绘制前景区域，如图 8-15 所示。

图 8-14　原图

图 8-15　绘制前景区域

将图片中的前景区域分割出来，如图 8-16 所示。

四、超像素图像分割

图 8-16　分割效果

超像素可以认为是相同类型的普通像素聚集在一起的结果，是一系列像素的集合，它们具有相似的特性（如颜色、纹理、类别等），而且在图像中的距离也比较接近。这些像素聚合起来，形成一个更具有代表性的大元素，作为图像处理算法的基本单位。如图 8-17 所示，每个蓝色线条区域内的像素集合就是一个超像素。

输入图像　　　　　**超像素分割**

图 8-17　认识超像素

扫一扫看彩图

超像素分割就是用少量的超像素代替大量的像素来表达图片特征，还可以剔除一些异常像素点，这可以很大程度上降低了图像处理的复杂度，提升分割的效率。

【实践活动】体验超像素分割

（1）访问超像素分割网站，如图 8-18 所示。

（2）单击【Browse】（浏览）按钮，选择本地电脑中的一张图片，单击【打开】按钮，如图 8-19 所示。

微课

图 8-18　超像素分割网站

图 8-19　选择需要上传的图片

（3）单击【Upload】（上传）按钮，稍等片刻就可以看到分割效果，如图 8-20 所示。

输入图像　　　　**超像素分割**

扫一扫看彩图

图 8-20　图像分割效果

五、图像数据标记与数据集

计算机是如何知道图片中物品名称的呢？例如，为什么是花而不是其他物品。这一般需要对建好的机器学习模型进行训练，既然是训练，就需要有训练数据。这就意味着我们对图像中到底存在什么样的物品也要给出标准答案，否则计算机的识图能力是无法提高的。这就

需要对灌输给计算机进行训练的图像数据进行标记，这个过程类似于告诉机器它不知道的一个东西。对于图像分割和识别的任务来说，边界框是一种常见的图像数据标记方法，它是通过矩形方框去框选物品的边界，并且命名物品的名称和属性，如图 8-21 中的两个矩形框的物品名称是芍药花、属性是花卉。

图 8-21　图像数据标记

给图像数据做标记是需要大量人工完成的任务，我们知道同一个物品可能会由于光线、角度等变化出现不同的效果，要想让机器能够更加精确地识别，也就需要大量带标注的训练数据集。

图像数据集就是大量有标记图像数据的几何集，不同类型的图像识别任务往往对应不同的标注方式。目前，全球已有很多开源的图像数据集，以著名的 ImageNet 数据集为例，网站截图如图 8-22 所示，其包含了超过 1400 万张被人工手动注释的图像数据。一个特定的物品可能就会有上百张照片，而且已经超过 100 万照片有边界框。这类数据集一般都是免费供大众进行学习或科研使用，极大地推动了人工智能技术的发展。

a）ImageNet 网站截图

图 8-22　图像数据集

b）有边界框的图像

图 8-22　图像数据集（续）

【拓展阅读】人工标记数百万张图像是如何做到的

ImageNet 是华裔教授李飞飞牵头完成的著名开源图像数据集，所有标记工作都是通过人工完成，该计划启动之初是要完成 320 万张图片数据标记的目标，并且发动了在校大学生来完成这项工作，但即使这样完成这项工作也需要大概 90 年的时间。

后来她从一位研究生了解到亚马逊有一个众包平台 Mechanical Turk，所谓众包平台就是把任务推送给所有注册的用户，这是一个庞大的人群，所有群里的成员都可以参与标注任务，起到集民众之力办大事的效果。最终 ImageNet 仅花了两年半时间就完成了 5247 种类别、超过 320 万张图片的标记等工作。

课后练习

1. 如果设定的阈值过小，对图像分割的效果会有哪些影响？

2. 讨论题："换脸"技术的影响

网友用人工智能的换脸技术，将电视剧中女主角的面孔替换为其他演员，竟然毫不违和，甚至都看不出视频有被处理过的痕迹。

有人认为这是对原演员的不尊重；有人认为这严重侵犯了隐私和肖像权；有人认为将来只要先用替身完成拍摄，最后再用 AI 技术进行换脸，省时又省力。

你如何看待"换脸"技术对社会生活的影响？如何让这柄"双刃剑"在受到法律和制度的约束的同时发挥其正向作用？

3. 智能驾驶的车辆需要将采集图像中的可行驶区域分割出来，以寻找正确的道路，请找一张有道路的图像，使用交互式分割工具将道路分割出来。

第 9 章　慧眼识珠——图像识别

2020 年 5 月，新版《北京生活垃圾管理条例》开始实施，"你是什么垃圾？"这句话成了扔垃圾前的"灵魂拷问"。为了让垃圾分类变简单，拍照识垃圾 APP 应运而生。如图 9-1 所示，对着垃圾拍一张照片，就能快速识别出垃圾的类型。本章我们将探索图像识别技术背后的秘密。

【学习起航】

1. 了解什么是图像识别。

2. 掌握机器识别图像的过程。

3. 理解特征提取和分类器的训练。

a)　　　　　b)

图 9-1　垃圾分类智能程序

人们希望机器能够分辨出大千世界中的事物，从纷繁复杂的环境中辨别目标。让机器识别所"看"到的东西是一件非常神秘和具有人类智慧的事，图像识别技术就是让机器拥有类似人类看图识物能力的人工智能技术之一。

一、图像识别与理解

图像识别是机器对图像进行处理、分析和理解，从而识别图像中的内容的技术，它是人工智能的重要领域之一。图像识别技术在网络购物、加密安防、工业控制、医疗保健等领域具有广泛应用。

【实践活动】认识图像识别

1. 观察图片并判断内容

观察如图 9-2 所示的 6 张图片，请判断图片中的内容是什么？将结果写在图片下方。

图 9-2　观察并判断图中内容

2.　机器识别图像

打开微信小程序或电脑网页版"百度 AI 体验中心",如图 9-3 所示,选择【图像识别】中的"通用物体场景识别",从素材包中找到上面六张图片,依次上传并查看机器识别的结果与你的答案是否一致?

微课

第一步:

Q 百度AI体验中心	取消

使用过的小程序

AI 百度AI体验中心

Q 百度AI体验中心　　　　　　↖

a)

图 9-3　微信小程序识别图像

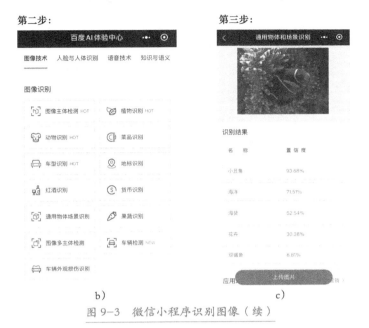

b)　　　　　　　　　　　　c)

图 9-3　微信小程序识别图像（续）

　　图像识别的发展先后经历了文字识别、数字图像处理与识别、物体识别等阶段。除了本节内容外，后面的人脸识别、面部表情识别、自动驾驶等章节都和图像识别密切相关。

【拓展阅读】机器理解图像

　　2018 年北京中考语文试卷中有一题是：下面两幅画中的哪一幅表现出了《次北固山下》中"潮平两岸阔，风正一帆悬"这两句诗的景象，如图 9-4 所示。这道题重点考查学生能否通过图像中物体之间的位置关系和物体的形态判断出图像的语义和语境。同样，机器想要"看懂"一幅图像，需要在对图像进行预处理、分割和识别后，进一步研究图像中物体之间的关系，识别物体所处的环境，包括时间和地点，从而实现对整张图像中内容的理解。

　　"Iconary"是艾伦人工智能研究所开发的一款和人类玩猜图游戏的人工智能程序，玩家需要根据文字提示逐个绘制场景的组成元素，机器会实时猜出玩家想表达的真实元素，选择想要的进入下一步，直到所有的元素都绘制完成，再调整元素之间的关系，机器会不停去猜图像表达的场景，如果机器在规定时间内猜对则玩家胜出。现在请你在"Iconary"平台中绘制一幅图，考验人工智能

微课

能否理解你所绘制的内容吧!

a)   b)

图 9-4 诗句描绘的情景图像

（1）打开浏览器，进入【Iconary】的网站，单击浏览器中翻译文字的选项（如有），将网页翻译为中文，如图 9-5 所示。

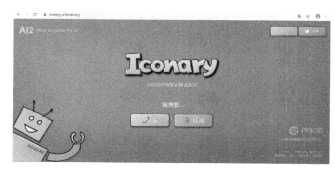

图 9-5 Iconary 首页

（2）阅读【讲解】后选择游戏难度，如图 9-6 所示。

图 9-6 选择难度

（3）按照提示文字进行绘画，AI 会自动识别出一组带文字说明的图片，如图 9-7 所示。需要玩家画出踢足球的人，当画出部分内容后，会提示机器猜测的图形信息。如图中提醒画的可能是站着的人、跑着的人等。

图 9-7　绘画识图

（4）选择合适的匹配信息后再绘制其他元素，还可以对图像进行拖动、缩放等构图操作。最后将所有要素组合拼成一张完整的图，如图 9-8 所示。

图 9-8　拼接组合

（5）单击【提交】，人工智能程序自动分析并猜想图片中的内容，如图 9-9 所示。

怎样教机器识别图像呢？我们先来回顾儿童是如何认识事物的。

假如我们教一名小女孩认识什么是猫（见图 9-10），可能会向她展示一些猫的图片，并让她观察猫的特征，这样小女孩的大脑中就会形成对猫的特征的基本认知。如果这个小女孩再遇到一张新的猫图片，她就会把看到的内容和记忆中相同或相似的内容进行匹配，从而识别出动物的名称。我们还会告诉小女孩她的判断是否正确，如果错误，她的大脑就会加深对猫的认识，丰富识别猫的经验。

图 9-9　人工智能猜出的图片内容

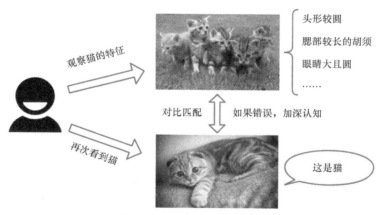

图 9-10　人类识别图像的过程

机器识别图像与上面的过程非常相似，如图 9-11 所示。

（1）给机器输入猫的图像数据。并且告诉机器这张图像就是猫，这里的"猫"被称为这张图像的标签。

图 9-11　机器识别图像的典型过程示意

（2）从图像中提取出猫的特征，如：猫有圆圆的脑袋、短小的面部、有肉垫的爪子。我们称脑袋、面部、爪子为特征，圆圆的、短小、有肉垫是相对应的属性值。

（3）通过大量的带标签的数据帮助建立分类模型，例如，建立图像中的某些特征与"猫"这个概念之间的关联关系，这个过程就是通过图片数据学到的猫的特征模型，也称为训练分类器。

（4）在计算机中输入新的图片，利用训练好的分类器识别图片。一般来说，如果分类器训练得比较好，那么它识别的正确率会比较高。如果发现出现了很多错误的判断，那么就需要对猫分类器进行修正了。

【交流讨论】机器识别图像还应该有的步骤

以上是简化的机器识别图像的步骤，你认为还应该有哪些（个）步骤？请说明理由并写在下方横线处。

_____

_____

【拓展阅读】机器大脑

2011 年，"谷歌大脑"项目中利用深度学习模型教会了机器自动识别不同种类猫的图像。研究人员随机输入大量不同种类的图片，但是没有告诉"谷歌大脑"任何关于猫的外貌特征信息，让它对图片进行熟记。令人震惊的是，在熟识所有图片后，这个"超级大脑"自己构建了一个模糊的猫的概念。通过测试，当出现猫的图片时，"大脑"中的神经元就会变得"异常活跃"。如果不是猫的图片，神经元会变得"沉默"。

"谷歌大脑"通过训练神经网络中的 10 亿个连接，实现了自动从某著名视频网站抓取的 1000 万张照片中识别出一只猫。猫分类或猫狗分类问题也成为深度学习对图像分类的经典案例。

深度学习通过模仿人脑建立神经网络让机器能够自主学习，其代表技术是卷积神经网络。在前面的学习中我们已经认识了卷积神经网络方法，它能够帮助我们有效识别图像中的特征。如果卷积操作的层数特别多，就认为它属于深度学习。卷积操作的层数越多，对特征识别就会越全面、越准确，这就像人类复杂的大脑一样。由于层数多会导致训练时计算量增大，近些年计算机计算能力的飞跃提升使得深度学习成为可能。

图像内容通常用图像特征进行描述，若要理解其中的意义，关键是进行特征提取和分类训练，当前也有很多智能识别使用了基于神经网络的图像识别方法。

二、图像的特征提取

人们会根据直观感受的自然特征来描述图像特征，如颜色特征、轮廓特征、纹理特征等。特征提取就是获取图像中具有独特性的信息，例如哈密瓜和西瓜虽然形状相似，但是表皮颜色和纹路差异很大，因此可以通过特征来区分不同的物体。

1. 提取颜色特征

颜色特征，不同色彩在一张图像或图像区域中所占的比例。例如，两张图片，一张中有黄色的月亮，另一张中没有黄色的月亮，如图 9-12a、b 所示。

通过提取图像的颜色特征，计算机根据颜色进行判断。如果图像中有黄色，图像中就有月亮，如果图像中没有黄色，图像中就没有月亮，如图 9-12c、d 所示。

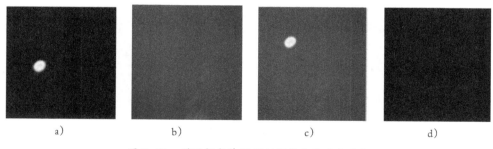

a)　　　　　　　b)　　　　　　　c)　　　　　　　d)

图 9-12　利用颜色特征判断图像中是否有月亮

2. 提取轮廓特征

人的视觉神经对物体边缘特别敏感，也就是说，人先看到事物的轮廓，然后才判断是什么东西。经过前面的学习，我们知道图像在计算机中是由像素点组成的，每个像素点对应的数值可以表示为数字矩阵。将图像进行二值化操作后的图像只有黑色和白色，即黑色用 1 表示，白色用 0 表示，这样就得到一个只有数字 0 和 1 的矩阵，如图 9-13 和图 9-14 所示。

0	0	0	0	0	0	0
0	0	1	1	1	0	0
0	0	1	0	1	0	0
0	0	1	0	1	0	0
0	0	1	0	1	0	0
0	0	1	1	1	0	0
0	0	0	0	0	0	0

图 9-13　二值化后的图像　　　　　图 9-14　用 0、1 矩阵表示图像

在文字识别中，可以利用数字矩阵描绘出图像轮廓从而比较两张图像的相似程度，将标准图与匹配图中的每个像素点进行比对，如果相等则计为相似。当扫描完两张图片后，可以得到二者之间相似的点有多少，用相似的点数除以矩阵中总像素点数，就可以得到一个 0～1 之间的数值，这就是相似程度。

$$相似程度 = \frac{相似的像素点数}{总像素点数}$$

$$相似程度 = \frac{99}{100} = 0.99$$

如图 9-15 所示，矩阵中共 100 个点，匹配图 9-16 中只有一个蓝色点是不一样的。

1	1	1	1	1	1	1	1	1	1
1	1	1	1	1	1	1	1	1	1
0	0	0	0	0	0	0	0	1	1
0	0	0	0	0	0	0	0	1	1
1	1	1	1	1	1	1	1	1	1
1	1	1	1	1	1	1	1	1	1
1	1	0	0	0	0	0	0	0	0
1	1	0	0	0	0	0	0	0	0
1	1	1	1	1	1	1	1	1	1
1	1	1	1	1	1	1	1	1	1

1	1	1	1	1	1	1	1	1	1
1	1	1	1	1	1	1	1	1	1
0	0	0	0	0	0	0	0	1	1
0	0	0	0	0	0	0	0	1	1
0	1	1	1	1	1	1	1	1	1
1	1	1	1	1	1	1	1	1	1
1	1	0	0	0	0	0	0	0	0
1	1	0	0	0	0	0	0	0	0
1	1	1	1	1	1	1	1	1	1
1	1	1	1	1	1	1	1	1	1

图 9-15　标准图的矩阵　　　　　图 9-16　匹配图的矩阵

3. 提取纹理特征

纹理特征描述了图像区域对应实物的表面形态。下面图 9-17 中所示两幅图中的纹理特征不同，计算机能够根据纹理特征做出判断：具有环形纹理的图片可能是干涸的土地图片，具有短线纹理的图片可能是仙人掌。

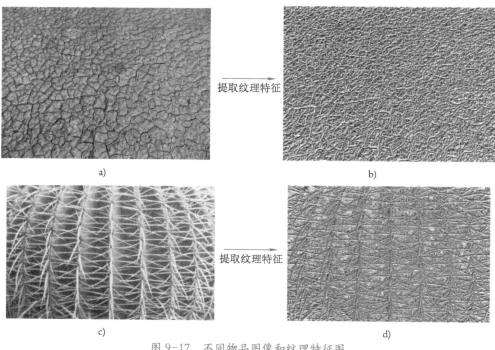

a)　　　　　　　　　　　　　　　　b)

c)　　　　　　　　　　　　　　　　d)

图 9-17　不同物品图像和纹理特征图

不同的特征对分类器分类会有很大的影响，判断下面两幅水稻图片的相似程度，如图 9-18 所示。如果只选颜色作特征，那么最后的判别结果可能会出现偏差。我们需要根据图像中事物的特点，选择一种或者多种有效的图像特征进行分类。

扫一扫看彩图　　　　　　　　　　　　　　　　　　　　　　　　扫一扫看彩图

a)　　　　　　　　　　　　　　　　b)

图 9-18　不同颜色的水稻图片

【交流讨论】图像的特征

1. 尝试说出下面 4 张图片表达的内容，说一说你的判断依据是什么？

扫一扫看彩图　　a)　　　　　　　b)　　扫一扫看彩图

扫一扫看彩图　　c)　　　　　　　d)　　扫一扫看彩图

图 9-19　说出图片所表达的内容和判断依据

2. 除了颜色、轮廓和纹理外还可以提取哪些特征呢？请你查阅资料，与其他同学进行讨论，并将讨论结果记录下来。

_____

_____

三、分类器

分类器是表示事物类别与特征之间关系的数学函数，用来判断图像或图像中某个事物的类别。分类器有二分类器和多分类器两种，如：识别是否是猫的图像属于二分类，即是猫和不是猫；识别猫和狗可以设计为三分类，如图 9-20 所示，结果分为猫、狗和其他。当然分类器也有分类错误的情形，那么如何判断一个分类器的好坏呢？

图 9-20　辨别猫或狗

通过计算分类的准确率，我们可以初步判断一个分类器的识别效果。简单来说准确率是对一个事物表达或描述的正确程度。

$$准确率 = \frac{预测正确的样本数量}{所有测试的样本数量} \times 100\%$$

【知识讲堂】测试集、训练集与验证集

根据问题需求构造了相应的分类器后就要对其进行训练，在训练分类器时，会用到大量数据，这么做的目的就是为了提高分类器的准确率。收集到的数据被分为训练集、验证集和测试集三部分。

训练集用于训练分类器，类似于我们上课学习新知识时的例题。

验证集用于评估分类器效果、调整参数。机器经过学习后还会出现错误，验证集相当于课后做的练习题，帮助我们巩固知识、纠正错误。

测试集用于对分类器进行最终测评，检测其准确率、精确率达到了什么水平。经过上课学习、课后练习以后，一般会通过考试来检测我们是否已掌握新知识，测试集就相当于考试题，以此测评最终学习效果。

使用训练集来构建分类器，得到多个分类器后用验证集找到其中最优的一个，最后使用测试集检验最优分类器的识别效果。一般来说，训练集、验证集、测试集中数据量的比例大概为3:1:1。当然，这个比例关系可以根据需求灵活调整，总体原则是大部分数据用来进行训练，而少量数据用来进行验证和测试。

【实践活动】计算分类器的识别准确率

表 9-1 是一个猫狗分类器的识别结果统计表，请你计算出识别的准确率。

猫狗分类器的识别准确率 =＿＿＿＿

表 9-1　猫狗分类器的识别结果统计

预测类型＼实际类型	猫	狗	其他
猫	9	0	1
狗	0	8	2
其他	1	2	7

微课

【实践活动】开发猫狗分类器

生活中我们时常会在垃圾桶边、草丛等地方看见流浪的小猫和小狗，它们只能到处寻觅食物。如果在它们经常出没的地方放置一台自动喂食机，能够判断前方来的是小猫还是小狗，为它们提供相对应的猫粮或者狗粮，就能解决它们的生存问题。

请你为自动喂食机设计一个识别喂食系统，在慧编程软件的机器学习平台上训练一个识别猫和狗的分类器，并用这个分类器实现智能提供猫粮或者狗粮的功能。

（1）在浏览器中打开慧编程平台，将语言设置为简体中文。

（2）注册一个账号并登录。查看是否在【角色】状态，如图 9-21 所示，选择【添加扩展】，添加【机器学习】，如图 9-22 和图 9-23 所示。

图 9-21 选择【添加扩展】

（3）如图 9-23 所示，单击【训练模型】，分别在文本框中输入三个标签：猫、狗和其他，使用摄像头分别采集猫、狗和其他动物的不同图片。为保证分类器的识别效果，每个采集的图像数量尽可能多（9 个）。

认知服务
慧编程官方扩展
通过认知服务的人工智能 API，向应用添加影像、语音、语言和知识功能 更多介绍

+ 添加

机器学习
慧编程官方扩展
在不直接编程的情况下训练电脑进行学习，创建类似于人脑的人工神经网络

+ 添加

人工智能服务
慧编程官方扩展
仅支持在中国境内使用。通过使用百度 AI 服务，实现图像识别、文字识别、语音识别、人体识别和自然语言

+ 添加

图 9-22　添加【机器学习】

图 9-23　训练猫狗分类器

（4）训练完成后使用测试图片测试猫狗分类器的识别效果。

（5）选择更多的图片，可以是猫、狗或其他，分别进行识别，记录 10 次猫狗分类器的识别结果并算出识别的准确率，填入表 9-2。

猫狗分类器的识别准确率 =＿＿＿＿＿＿＿＿

表 9-2　分类器识别结果记录表

预测类型　　実际类型	猫	狗	其他
猫			
狗			
其他			

（6）利用猫狗分类器制作作品"流浪猫狗喂食系统"，如图 9-24 所示。

图 9-24　流浪猫狗喂食系统

（7）思考制作思路，添加一个按钮角色，启动图像识别的功能。根据图像中是小猫或小狗来给它们分发对应的食物。

① 所需模块："外观""事件""控制""猫狗分类器"。

② 绘制按钮角色流程图，参考流程图如图 9-25 所示。

③ 编写按钮角色的图形化程序。程序示例如图 9-26 所示。

（8）测试程序，运行脚本看一看"流浪猫狗

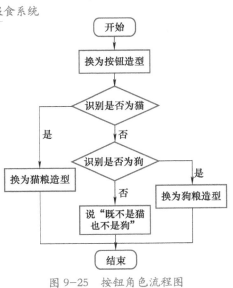

图 9-25　按钮角色流程图

喂食系统"能否识别出小猫和小狗，并给出相应的食物。

【交流讨论】如何提高分类器的准确率

1. 请你说一说还有哪些方法可以提高分类器的准确率？

2. 如果把一张猪的图片输入猫狗分类器中，会出现怎样的结果呢？

课后练习

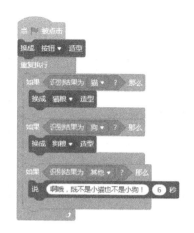

图 9-26　按钮角色程序

1. 简述机器识别图像的主要步骤。

2. 月季花是北京的市花，如果设计一款区分月季花和百合花的分类器，应该提取哪些特征呢？

3. 小智同学想设计一个跑腿机器人，代替腿脚不方便的老年人或残疾人到商场采买商品。当机器人收到采买清单，到商场的指定区域能够自动识别出清单上的商品，进行商品的购买。请以小组为单位帮助小智完成跑腿机器人识别商品功能的开发，填写表9-3并在"塔罗斯+"平台上实现。

表 9-3　跑腿机器人设计方案

跑腿机器人识别商品功能的方案设计
一、任务目标 请写出跑腿机器人识别商品功能的设计，你打算设计一个几分类的商品分类器？都能识别哪些商品？
二、思考识别商品的功能怎样实现，简单绘制流程图并编写程序。
三、商品识别功能的识别准确度怎么样？如果不好，如何改进呢？

第 10 章　偷天换日——风格迁移

2018 年 10 月，佳士得纽约拍卖会首次进行了人工智能绘画作品的拍卖，一幅名为埃德蒙·德·贝拉米（Edmond De Belamy）的油画拍出了 43.25 万美元（约 300 万元人民币）的高价，如图 10-1 所示。该幅画作是由名为"Obvious"的巴黎艺术组合利用生成对抗网络，在学习了 20 世纪的 15000 幅经典肖像作品的基础上"创作"完成的。人工智能已经能根据一定的逻辑"创作"绘画艺术作品，挑战人类的创意天赋。本章我们将揭开人工智能进行艺术创作的神秘面纱，从图像风格迁移的角度了解人工智能与艺术的交叉碰撞。

图 10-1　埃德蒙·德·贝拉米（油画）

【学习起航】

1. 认识图像风格迁移与人工智能艺术创作。

2. 体验图像风格迁移。

3. 了解图像风格迁移的算法原理。

一、模仿与图像风格迁移

清华大学未来实验室将人工智能和艺术交融，开发出"道子智能绘画系统（以下简称"道子"）。"道子"在学习大量国画名家的作品后，可以模仿"创作"特定风格的国画作品。

一档电视节目曾经请"道子"和人类画家进行现场比拼，如图 10-2 所示，同时模仿著名画家齐白石的风格画虾，你能猜出哪幅是"道子"画的吗？

区分出来还是有一定难度的，原因在于"道子"拥有了极强的风格模仿能力，也就是图像风格迁移的能力。

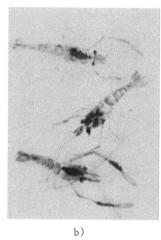

a)   b)   c)

图 10-2 哪一幅是机器绘制的

【交流讨论】感受图像艺术风格

绘画是一门艺术语言，每种绘画流派都有着与众不同的风格。国画艺术是极具中华文化特色，在世界艺术领域中自成体系的绘画类型，历经千百年的起伏跌宕，至今依然富有鲜活的生命力。再来看图 10-3 这组图片，你想到了哪位绘画大师？

这组图片让我们联想到荷兰后印象派画家文森特·梵高，尤其是他的代表作之一《星月夜》。能联想到梵高这幅作品的原因并不在于图像的内容，而是图像所表现出的类似风格。

a)

b)

c)

图 10-3　典型的风格图像

【交流讨论】图像艺术风格通过什么体现

我们感受了齐白石的妙笔，也观察了梵高的作品，对图像风格有了一些体会，如图 10-4 所示。你认为图像风格会通过哪些元素体现？

a)

b)

c)

图 10-4　不同风格的图像

图像风格可以是颜色、纹理、画家的笔触，甚至有可能是图像本身所表现出的某些难以用语言描述的特点。

齐白石画虾用墨独特，灵动异常，难以模仿。大部分人要掌握虾的国画绘制技法需要学习很长时间，想要模仿齐白石的作品就更耗时耗力。拥有快速图像风格迁移能力的计算机在学习齐白石的原作风格之后根据真实虾照片模仿的"虾作"，虽然与齐白石的作品相比仍然存在差距，但计算机学习并绘制出这幅"虾作"只用了12分钟！如图10-5所示。

计算机学习的齐白石原作　　输入计算机的真实虾照片　　计算机模仿结果

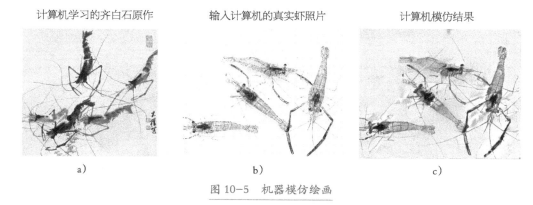

a)　　　　　　　　b)　　　　　　　　c)

图10-5　机器模仿绘画

【实践活动】百变皮卡丘

微课

卡通形象皮卡丘深受大家的喜爱，机器能不能通过我们简单的线条表达迁移出表情饱满的皮卡丘呢？

（1）打开百变皮卡丘网址，选择【铅笔】工具，在下方的画布区域绘制你认为的皮卡丘，如图10-6所示。

图10-6　百变皮卡丘网址

（2）单击【迁移】（Transfer）按钮，约 5 秒后，彩色的皮卡丘图像将出现在右侧。单击
【清除】（Eraser）按钮清除画布并再次绘制，如图 10-7 所示。

扫一扫看彩图

图 10-7　绘制界面

【知识讲堂】什么是图像风格迁移

人工智能领域的图像风格迁移是指通过设计出的算法，让计算机学习某
个画作的风格，并把这种风格应用到另外一张图片上。通俗地说就是将风格
图像的"风格"迁移到内容图像上，如图 10-8 和 10-9 所示。

微课

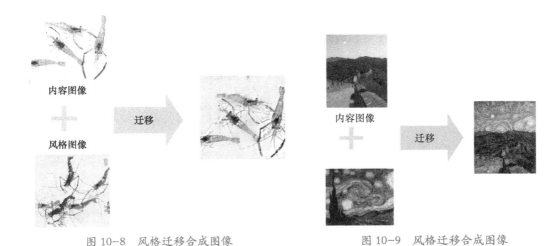

图 10-8　风格迁移合成图像　　　　图 10-9　风格迁移合成图像

二、风格迁移的原理

【实践活动】体验图像风格迁移

登录风格迁移网址，如图 10-10 所示，上传一张内容图像和一张风格图像，完成图像风格迁移。

内容图像　　　　　　　风格图像　　　　　　　生成图像

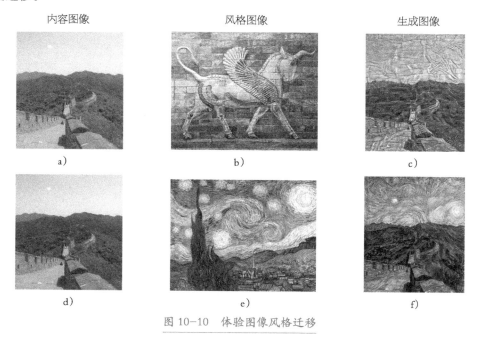

图 10-10　体验图像风格迁移

【交流讨论】图像风格迁移的基本原理

思考 1：一般情况下，完成图像风格迁移需要提供给计算机几张图像？

需要提供给计算机两张图像，一张图像 A 确定"内容"（例如图像主要内容是长城），另外一张图像 B 确定"风格"（例如梵高的《星月夜》中的风格），程序会生成风格迁移的结果图像 C。

思考 2：人类是如何模仿某位画家的画风的？顺着这个思路请你简单说说计算机进行图像风格迁移的过程。

如果把图像风格迁移的过程比作人类作画，图像 A 就好比是我们看到的景象，图像 B 是我们想要绘制的风格，我们会按照图像 B 的风格将看到的图像 A 中的景象绘制出来。绘制在哪儿呢，是不是我们提前要准备一张画纸来画图像 C？计算机也一样，除了提供给程序的图像 A 和图像 B，计算机还会准备一个图像 C。程序会反复学习图像 A 的内容和图像 B 的风格，并不断地修改图像 C，直到图像 C 尽量贴近图像 A 的内容和图像 B 的风格。

图像风格迁移的核心思想就是，从一张图像中提取出"风格"（例如齐白石画虾的风格），将另外一张确定内容的图像用该"风格"重新"画"出来，如图 10-11 所示。我们知道所有存储在计算机中的信息都是数据，如何用数学方法来提取图像的风格并应用于另一张图像是图像风格迁移算法的关键。基于卷积神经网络的风格迁移算法是一种保证最终输出图像内容和风格的有效结合的方法。

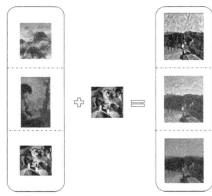

图 10-11　图像风格迁移过程

【拓展阅读】基于神经网络的风格迁移

基于卷积神经网络的风格迁移算法最早起源于 2015 年德国图宾根大学的莱昂·盖提斯（Leon Gatys）等研究人员发表的《人工智能修图》论文。盖提斯团队的论文启发了俄罗斯工程师阿列克谢·莫伊谢延科（Alexey Moiseenkov），仅用了 6 周时间就开发出了一个图像风格迁移的免费移动应用程序 Prisma。在苹果商店上首次亮相一周即被下载 750 万次，并收到了超过 100 万活跃用户！可见大众对风格迁移应用的喜爱程度。

三、风格迁移的算法原理与实现过程

"道子"之所以能够将齐白石的风格模仿得这么好，实际上还在于背后有完整、科学的算法原理在支持"道子"的学习和创作，下面我们来了解这个算法的基本原理。

讨论：如图 10-12 所示，要应用图像 B 的风格重新绘制图像 A 的内容（长城），程序该怎么做呢？

为了能够更好地量化处理图像，程序会首先将两张图像的大小统一（即图像的宽高像素数统一），然后加载预训练的卷积神经网络，如图 10-13 所示，通过卷积神经网络识别和学习图像 A 的内容和图像 B 的风格。同时算法会将图像 C（最终这个图像就是图像风格迁移的结果）也作为一个输入，并且反复地计算图像 C 和图像 A 的内容差异，图像 C 和图像 B 的风格差异，并重新生成图像 C，最终使图像 C 与图像 A 的内容差异、与图像 B 的风格差异最小化。

a）内容图像　　　　　　　　b）风格图像

图 10-12　内容图像与风格图像

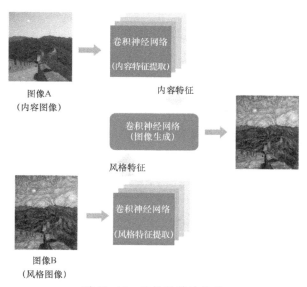

图 10-13　风格迁移的原理

【拓展阅读】比较两种风格迁移

将一幅图片变换风格，通过特定的图像预处理方法就可以实现，例如一般的卷积操作可以将一幅图片变成油画或者浮雕风格，也可以使用图片编辑软件自己修改图片，这种方法与基于卷积神经网络的风格迁移有什么区别呢？

　　在卷积神经网络之前，图像风格迁移的程序在分析某一种风格的图像时，会为这幅图像建立一个数学或者统计模型，然后，将要被迁移的图片按照这个模型进行处理。我们得到的效果还是不错的，但它有一个很大的缺点：所有的风格都是人教给计算机的，一个程序基本只能做某一种风格或者某一个场景。因此基于传统风格迁移研究的实际应用非常有限。

　　而基于卷积神经网络的风格迁移可以将一幅图片变化多种风格，这些风格是由计算机自己学会的，应用更灵活、方便，功能更强大！

四、生成并不存在的图像

　　StyleGAN 是英伟达（NVIDIA）的研究人员开发的一种高分辨率图像合成方法，如图 10-14 所示，它生成的人脸照片一度被认为"逼真到吓人"。玩法很简单，每次刷新，都能自动出现一张人脸。大多数情况下，都是一张眉目清晰、面含微笑的和善人脸。每次刷新这个网站，出现的那张高清笑脸，尽管看起来无比真实，但都是不曾在世界上出现过的。这些笑脸不是真人的笑脸。都是 AI 生成的。之所以能生成人脸，是因为背后有一

图 10-14　StyleGAN 生成的假人脸

个针对人脸进行预训练的模型。每次你刷新网站时，神经网络会生成一个全新的人脸。不过，媒体纷纷用"可怕""毛骨悚然"来描述这种人工智能技术。一方面，是不敢相信这些表情逼真的人脸，细节很丰富，但竟然全部都是假的；另一方面，这些假脸，并不是每次都看起来那么完美，甚至有些可怕，例如，少只耳朵等等。

　　【实践活动】并不存在的人脸

　　Uber 工程师菲利普·王（Phillip Wang）利用 StyleGAN2 风格迁移程序创建了一个每次加载都能生成一张新面孔的网站，名为"此人不存在"（This Person Not Exist），图 10-15 中 4 幅人脸中只有一幅不是通过该网站生成的，你能把他（她）找出来吗？登录该网站去尝试吧！

a)   b)   c)   d)

图 10-15   哪张脸是真的

【实践活动】有趣的不同物种照片合成

微课

通过风格迁移技术还可以合成并不存在的物种照片，麻省理工学院的研究人员开发了一个可以通过两个已有物种的照片随机生成一个"新物种"照片的网站，比如金鱼和哈巴狗照片合成后是什么样的呢？

打开合成物种网站，分别通过下拉菜单选择两个物种的照片，如图 10-16 所示，单击【breed】（品种）看合成出的"新物种"照片的样子吧！

图 10-16   风格迁移合成的"新物种"

再尝试用不同的物种照片进行合成，生成更多有趣的物种吧！

课后练习

1. 某手机应用的功能是在用户输入一张年轻人的照片后，模拟生成其老年后的照片。如果这个手机应用是应用风格迁移算法来模拟生成老年照片的，如图 10-17 所示，你能简要描述该手机应用的原理吗?

a) 输入图像　　　　　　　　　b) 输出图像

图 10-17　应用迁移算法处理照片

　　程序将用户输入图片的"内容"(一张年轻人的肖像)和程序已经分析清楚"风格"的图片(一张老年人的肖像)相结合,生成了输出图像。

　　2. 请上网了解有关"道子"系统的原理,用简洁的语言进行描述。

　　3. 你认为人工智能技术将来还可以代替人类画家进行哪些创作?

　　4. 思考题:人工智能不仅能通过风格迁移帮助我们进行艺术创作,有的时候甚至能仅仅输入几个关键的提示词就创作出令人惊叹的艺术作品,这种技术统称为 AIGC(AI Generated Content,人工智能生成内容)。请你利用搜索引擎了解一下 AIGC 技术,了解一下除了图像,AIGC 还能帮我们生成什么内容? 最后思考这种技术将如何深刻改变我们未来的生活。

第4单元

生活中的人工智能

第11章　运筹帷幄——自动驾驶

2019年9月，自动驾驶公司AutoX与上海嘉定区政府共同建立无人驾驶商业示范运营区。其研发的自动驾驶系统已经在全世界12个城市进行过测试，包括中国的深圳、上海、广州、武汉以及美国的旧金山、拉斯维加斯等城市。

2020年4月27日，AutoX与高德地图联合启动了无人车体验招募活动，如图11-1所示。从该日起，上海市民使用高德地图，搜索"无人车"即可报名、体验无人驾驶的出行服务。本章让我们一起来探索和自动驾驶有关的技术!

图 11-1　无人车体验活动

【学习起航】

1. 了解自动驾驶的特点。

2. 理解地图构建与定位技术的主要特点。

3. 通过路径规划了解人工智能的简单算法。

4. 编程实现模拟自动驾驶。

一、汽车的自动驾驶

自动驾驶是机器接管人类驾驶员来完成部分或全部驾驶任务。其实自动驾驶在飞机、轨道交通等领域很早就实现了，例如，一般的客机都有自动驾驶功能，2017年年底，我国第一条全自动运行的轨道交通系统——北京地铁燕房线正式投入运营。

汽车的自动驾驶技术还在发展阶段，未来有可能从根本上改变人们的出行方式和生活方式，使我们的出行生活更加智能化。我们国家幅员辽阔，是一个交通大国，拥有全球最顶尖的高铁技术，同时也拥有500多万公里长的公路。自动驾驶成为目前我国重点发展的领域。据 2022 年初的统计，我国智能网联汽车呈现强劲发展势头，全国开放测试区域 5000 平方公里、测试总里程超过 1000 万公里，发放道路测试牌照 800 多张，3500 多公里的道路实现智能化改造升级，大型港口货运车辆自动驾驶应用占比达 50%，车规级激光雷达、人工智能芯片算力达到国际先进水平，成为国际智能驾驶技术发展的重要推动力量。

【拓展阅读】自动驾驶等级

在工信部发布的《汽车驾驶自动化分级》推荐性国家标准报批稿中提出：将来我国将自动驾驶分为 0 ~ 5 共 6 个等级，其中 0 级的汽车仅仅有部分目标和事件探测的能力与响应的能力，如车道偏离预警、前碰撞预警、自动紧急制动等应急辅助功能；而 5 级则是完全自动驾驶，任何可行驶条件下持续地执行全部动态驾驶任务和执行动态驾驶任务接管，即真正的无人驾驶了。

【交流讨论】自动"驾驶员"具备的能力

请你回忆机动车驾驶员开车时的场景，分析自动"驾驶员"应该具备哪些能力，并将表 11-1 信息补充完整。

表 11-1　自动"驾驶员"具备的能力信息

观察环境	判断 / 规划	操作执行	其他
车距（示例）			

自动"驾驶员"拥有敏锐的感知"器官"，具备人类驾驶员的思考判断能力，能够精准、安全地控制汽车行驶。它的能力可以简要概括为感知环境、判断规划和操作控制三部分。

1. 感知环境

机器依靠传感器"观察"周边环境信息，如识别道路标识、观察行人和信号灯状态等。

自动驾驶车辆为了全面准确地观察周边环境，需要搭载多种类型的外部传感器，如图 11-2 所示，主要包括视觉传感器、定位传感器、雷达传感器、听觉传感器和姿态传感器等。

2. 判断规划

判断规划是指合理选择从出发地到目的地的行驶路径，能够实时判断躲避周边车辆、行人和障碍物，并保证乘客的安全舒适，做出具体的决策指令。例如：跟车、超车、加速、停车、减速、转向、调头等。

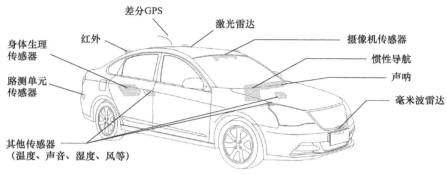

图 11-2　自动驾驶汽车主要的外部传感器

3. 操作控制

操作控制是指精准执行规划好的驾驶指令，主要包括控制油门大小、制动力度、方向盘转角、档位选择等。

二、即时定位与地图构建

自动驾驶过程中，机器需要知道当前位置和下一步去哪里，人脑瞬间就可以完成这些判断，但机器是如何实现的呢？

【知识讲堂】即时定位与地图构建

即时定位与地图构建（Simultaneous Localization and Mapping，SLAM）是一种可以在移动中定位和构建地图的技术。通俗地说，它解决了"我在哪里"和"周围是什么"的问题。

1. 定位技术

SLAM 采用的是相对定位，通过对比初始位置与当前位置的数据，得到当前的状态。以图 11-3 中的蓝色轨迹为例，A 点为起始点，运动过程中的位置都可以通过计算得到，例如，向前走 50 步，然后右转走 50 步，再向右转走 50 步到达 B 点，则 B 点在 A 点的 6

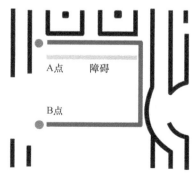

图 11-3　即时定位

点钟方向且距离 50 步。

2. 建图技术

机器通过 SLAM 传感器实时检测到周边的环境信息并结合移动路径完成建图。如图 11-3 中从 A 点到 B 点（灰色和蓝色为障碍），第一步直行时检测到右侧 2 米处有障碍，系统就会自动标注出来从而生成地图。图 11-4 为扫地机器人构建的实时地图。

图 11-4　扫地机器人构建的实时地图

【拓展阅读】SLAM 传感器

SLAM 技术一般通过激光雷达传感器和视觉传感器实现，如图 4-5 所示。激光 SLAM 传感器使用激光向周围环境发送光脉冲进行探测并测距，通过对反射的回波进行分析，快速建立起周围环境的三维点云模型，包括距离、方位、高度等多种信息。缺点是无法准确识别物体和颜色，例如信号灯是红色还是绿色。视觉 SLAM 的传感器是通过摄像头将环境信息存储为数字图像后进行处理与识别，主要用于获取交通标志、障碍物和行人的准确图像信息的获取。缺点是计算量大，对光线条件有要求。

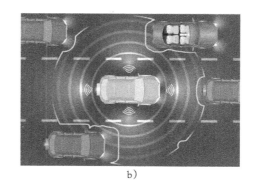

a)   b)

图 11-5   北醒国产激光 SLAM 传感器

三、路径搜索

路径搜索是提前选择好合适的驾驶路线，也是自动驾驶不可缺少的功能。类似于我们在使用电子地图导航时，只需要输入出发地和目的地，系统就会按照出行距离、出行时间、换乘次数等规则智能推荐一条或多条路线，如最近路线、不走高速（省钱）路线、时间最短等，当然背后是路径搜索算法。

【实践活动】体验路径搜索——走迷宫

在圆明园的西洋楼景区有一处迷宫般的建筑，名为黄花阵，如图 11-6 所示。雕花砖墙围成了曲折的回廊，中心是一座精巧的亭子。从入口到中心亭的直线距离不过 30 余米，但是迷宫布局需要几经周折方可到达。

图 11-6   圆明园黄花阵

图 11-7 是黄花阵迷宫地图，请绘制从北门到达中心亭的路线，并与同学们分享、讨论寻找路线的过程以及哪条最快捷？

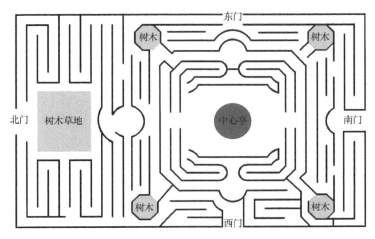

图 11-7　黄花阵地图

【知识讲堂】盲目搜索与深度优先搜索

假设第一次去闯黄花阵，也没有地图等提示信息，你们会怎么办？只能随机选择一条路，并且记住走过的路，当一条路走不下去的时候再返回另选一条路，直到把路走通，这种没有任何提示信息从起点找到目标点的搜索方法称为盲目搜索。

为了更形象地表示搜索过程，我们将包含道路信息的地图简化为带有方向箭头的网络图，类似于地铁线路图，每个地名叫作一个节点。深度优先搜索是指选择一条路走到底，遇到死胡同（或设置深度）再返回到上一级节点，继续搜索其他分支。深度优先搜索的过程示意如图 11-8 中蓝色虚线，假设 g 为终点。

以闯黄花阵的过程为例来描述深度优先的搜索过程，如图 11-9 所示：

（1）以北门为起始点出发，随机选择一条路线一直走下去，走到底没有发现中心亭，形成深蓝色路径；

（2）返回（回溯）最近的上一节点，随机选择另

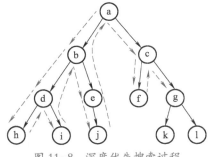

图 11-8　深度优先搜索过程

一条路一直走下去，同理形成浅蓝色路径；

（3）同理，再搜索深蓝色和浅蓝色路径；

（4）最后搜索出深蓝色，搜索过程中发现中心亭，停止搜索。

（5）生成从北门到中心亭的路径，如图11-9中b)所示。

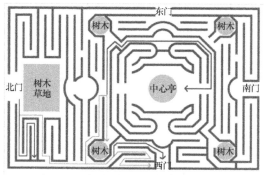

a) 深度优先搜索过程

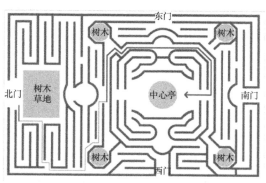

b) 搜索的路径结果

图 11-9　深度优先搜索路径

四、无人驾驶趣味实践

真实的无人驾驶车可以识别前方红绿灯、周边的车辆和行人，以及道路两侧的设施等，还可以根据行程需求合理规划路线，车内的大屏幕能够准确还原车辆周边的状况，也会提示当前车速、交通信号灯状态、转向提醒等，供乘客实时了解。

除此之外，你还想给无人驾驶赋予哪些功能呢?

【实践活动】无人驾驶——乘客年龄认证

设想这样一个场景：未来，已实现完全无人驾驶之后的某一天，一个儿童在没有家长看护的情况下，想独自搭乘无人驾驶车。这一行为大家接受吗?

微课

虽然无人驾驶不需要人为干预，但儿童独立乘车是存在很多安全隐患的。因此我们这次实践主要是围绕"乘客年龄认证"，实现以下需求：

- 年龄在 18 周岁到 65 周岁的乘客可以独立使用无人驾驶车。
- 年龄未满 18 周岁或超过 65 周岁的乘客需要在至少一名成年人的陪同下使用无人车。

用"塔罗斯+"编程平台实现如下参考程序：

（1）单击【图像采集】，选择【摄像头 预览】、【摄像头 拍照】，如图 11-10 所示。

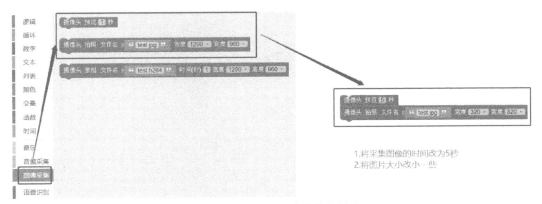

图 11-10　设置"图像采集"模块

（2）单击【人脸识别】，选择【人脸识别 识别】，注意：人脸识别的图片文件名与拍摄图片文件名需一致（如图 11-11 所示）。

（3）单击【逻辑】，选择【如果 执行】模块。单击该模块的设置图标，将【否则】拖动到右侧，如图 11-12 所示。

（4）单击【逻辑】，选择【并且】模块，将【并且】改为【或】逻辑；继续拖动【=】模块到【或】模块前后两端的空白处（需拖动两个），前面一个【=】改为【>=】，后面一个【=】改为【<=】，如图 11-13 所示。

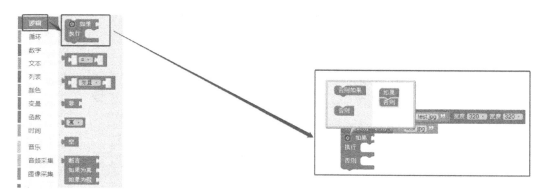

图 11-11　设置"人脸识别"模块

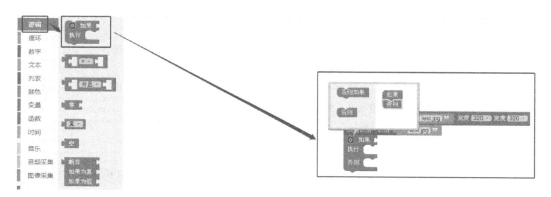

图 11-12　设置"逻辑"模块

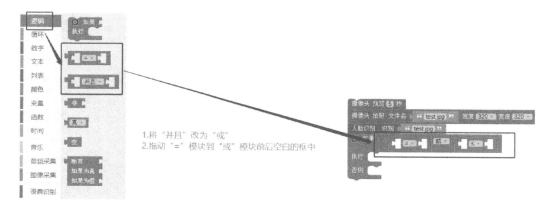

1.将"并且"改为"或"
2.拖动"="模块到"或"模块前后空白的框中

图 11-13　设置"逻辑"模块

（5）单击【人脸识别】，选择【人脸属性 第 0 人的年龄】拖动到图 11-14 所示位置。

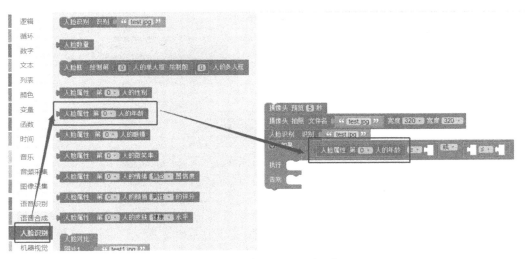

图 11-14　修改"人脸属性"

（6）单击【数字】，选择【0】模块拖动到图 11-15 所示位置，并将数字 0 改为数字 18。

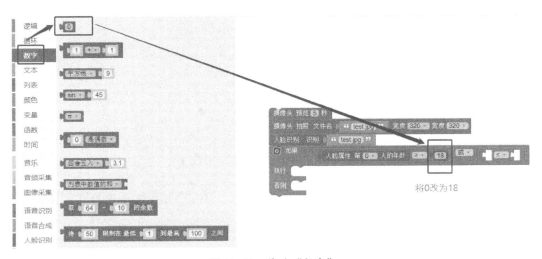

图 11-15　修改"数字"

（7）重复步骤（5），将年龄设置为小于等于65，如图11-16所示。、

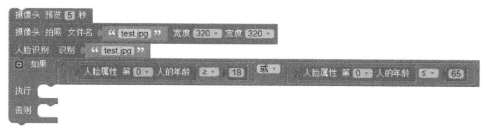

图 11-16　设置"年龄"

（8）单击【语音合成】，选择【语音合成】模块。将【合成文本】改为【您好，欢迎驾驶！】，如图11-17所示。

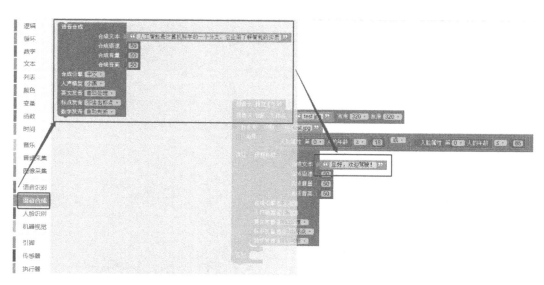

图 11-17　设置"语音合成"模块

（9）单击【语音合成】，选择【语音合成】模块。将【合成文本】改为【对不起，您不符合法定驾驶年龄，无法驾驶。】，如图11-18所示。

（10）完整程序如图11-19所示。

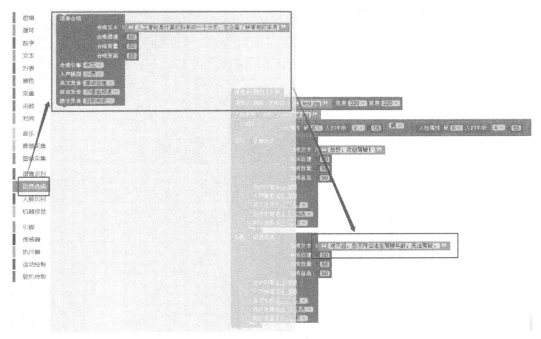

图 11-18　修改"合成文本"

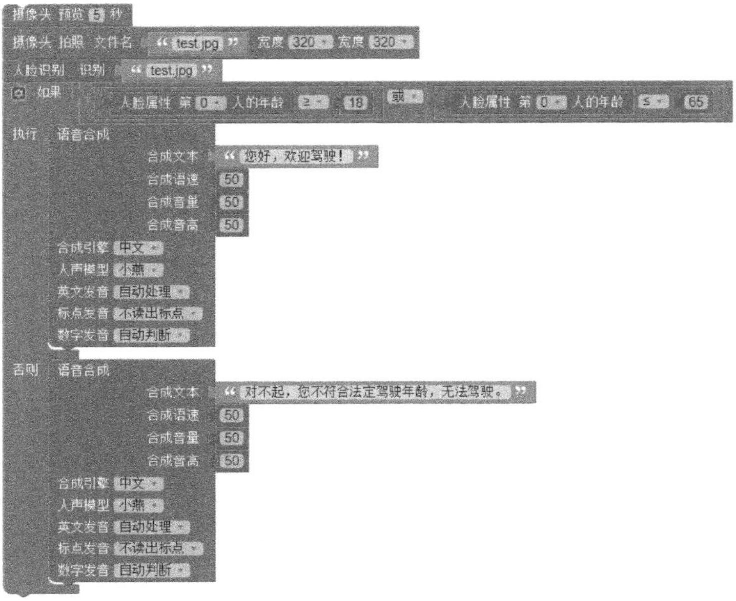

图 11-19　完整程序

【实践活动】语音控制舵机

语音识别在自动驾驶领域最主要的应用是人机交互。现在我们通过一个程序来实现语音控制舵机转动的功能，其中使用的舵机为大然 AS15-ST 型舵机。

（1）单击"音频采集"，选择【音频 录音】模块，如图 11-20 所示。参数有：录音文件以及录制时间。

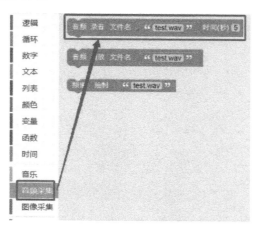

图 11-20　设置"音频采集"模块

（2）单击【语音识别】，选择【语音识别】模块，如图 11-21 所示。

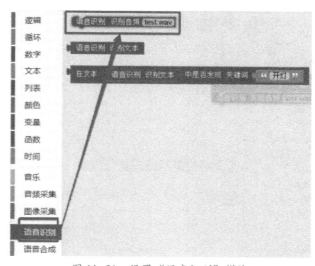

图 11-21　设置"语音识别"模块

（3）单击【逻辑】，选择【如果 执行】模块，如图 11-22 所示。单击该模块的设置图标，将【否则如果】和【否则】拖动到右侧。

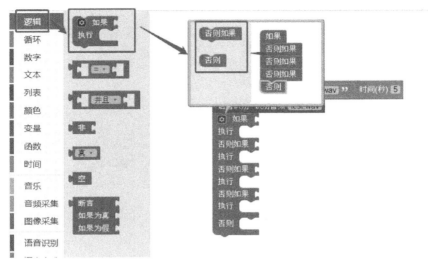

图 11-22　设置"逻辑"模块

(4) 单击【语音识别】，选择【在文本 语音识别 识别文本 中是否发现 关键词 】模块，如图 11-23 所示，将【开灯】改为【舵机模式】。

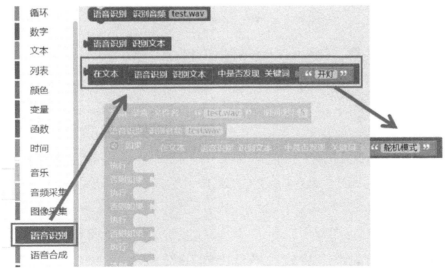

图 11-23　设置"语音识别"关键词

(5) 单击【舵机控制】，选择【舵机模式】模块，如图 11-24 所示。将两个舵机模式改为如下值。

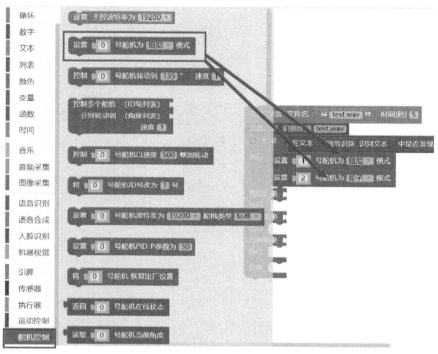

图 11-24　设置"舵机控制"模块

（6）单击【语音识别】，选择【在文本 语音识别 识别文本 中是否发现 关键词 】模块，如图 11-25 所示，将【开灯】改为【舵机一转动】。

（7）单击【舵机控制】，选择【转动角度】模块，如图 11-26 所示。将舵机数据改为如下值。

（8）单击【语音识别】，选择【在文本 语音识别 识别文本 中是否发现 关键词 】模块，如图 11-27 所示，将【开灯】改为【舵机二转动】。

（9）单击【舵机控制】，选择【周转】模块，如图 11-28 所示。将舵机数据改为如下值。

（10）单击【语音识别】，选择【在文本 语音识别 识别文本 中是否发现 关键词 】模块，如图 11-29 所示，将【开灯】改为【一起转动】。

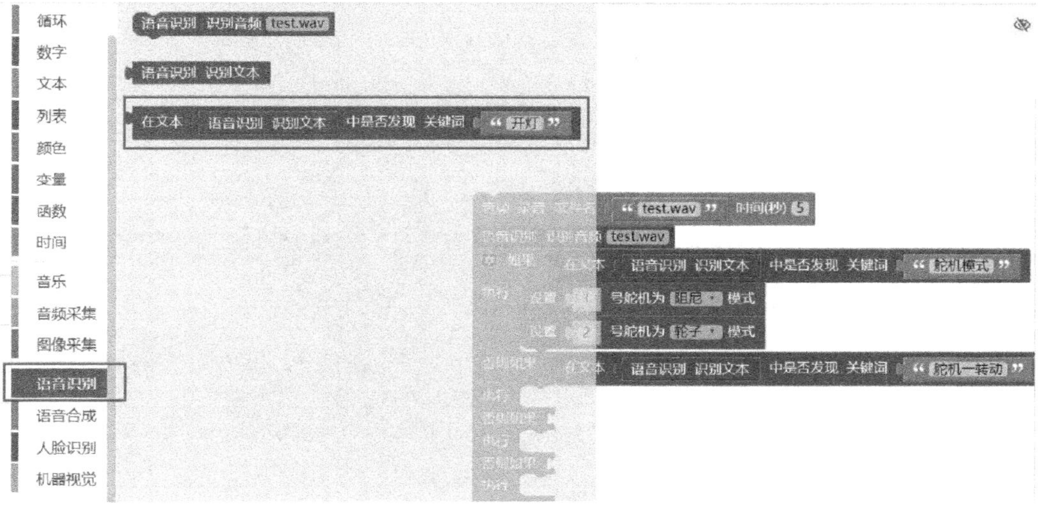

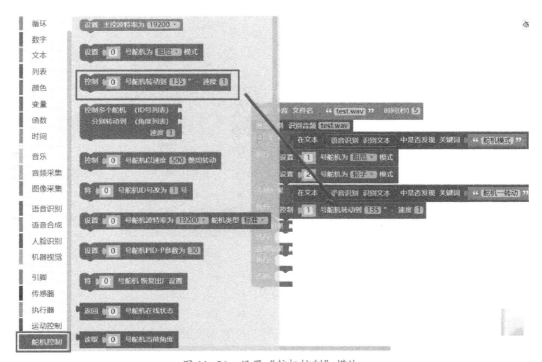

图 11-25　设置"语音识别"关键词

图 11-26　设置"舵机控制"模块

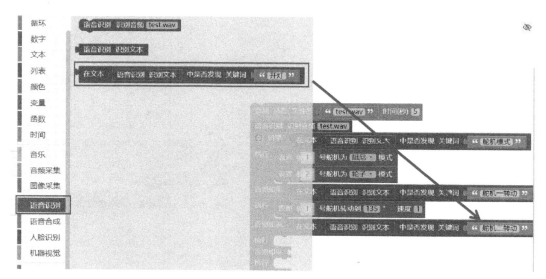

图 11-27　设置"语音识别"关键词

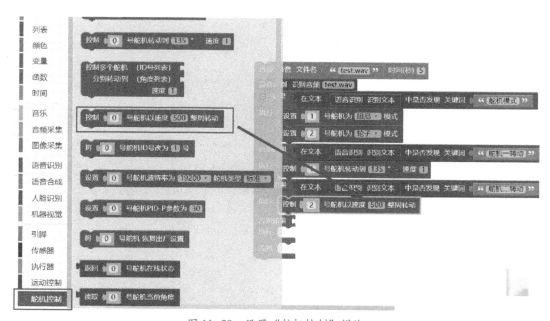

图 11-28　设置"舵机控制"模块

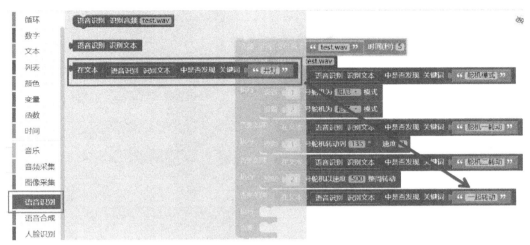

图 11-29　设置"语音识别"关键词

（11）单击【舵机控制】，选择【转动角度】模块和【周转】模块，如图 11-30 所示。将舵机数据改为如下值。

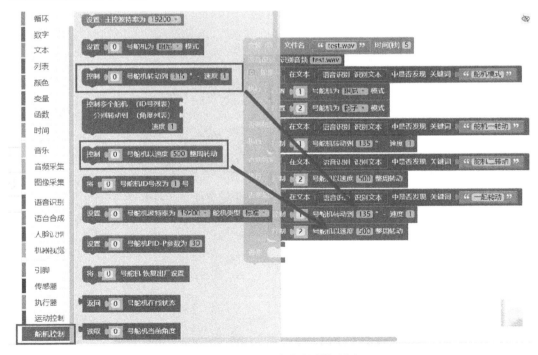

图 11-30　设置"舵机控制"模块

（12）单击【语音合成】，选择【语音合成】模块，如图 11-31 所示。将【合成文本】
改为【对不起，我不能识别你的命令！】。

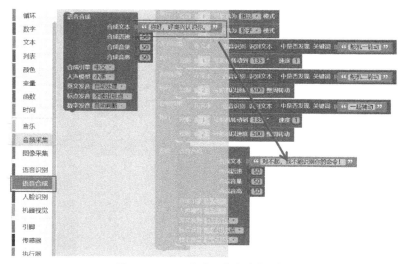

图 11-31　设置"语音合成"模块

（13）完整程序如图 11-32 所示。

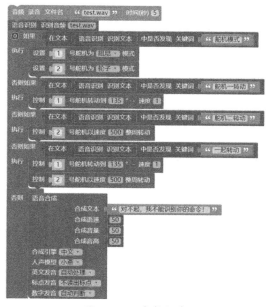

图 11-32　完整程序

课后练习

1. 自动"驾驶员"系统应具有_____、_____、_____等能力。

2. SLAM 中文全称为_____，主要用来解决_____和_____问题。

3. 图像 SLAM 技术可以克服激光 SLAM 技术无法准确识别物体的缺点，请你说说哪些场景中必须使用图像 SLAM 技术？如果只使用激光 SLAM 技术会产生什么后果？

4. 请你利用深度优先搜索方法找到如图 11-33 所示迷宫的出口。

迷宫

图 11-33　找到迷宫出口

第12章 似曾相识——人脸识别

在科技迅猛发展的今天，智能手机已成为人们生活中不可或缺的一部分，每个人手机的解锁方式不尽相同。你都用过哪些解锁方式？你觉得哪种解锁方法最方便呢？

手机解锁的方式经历了密码、图案、指纹、人脸识别等发展过程，如图 12-1 所示，现在人脸识别成为主流的解锁方式之一。人脸识别还在日常生活中有着广泛的应用，如刷脸进门、银行、刷脸进站、疫情防控中广泛应用的智能测体温等等。

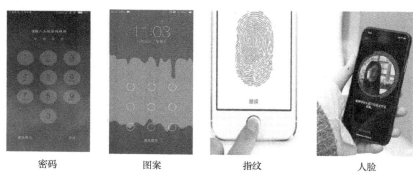

| 密码 | 图案 | 指纹 | 人脸 |

图 12-1　手机解锁方式

【学习起航】

1. 了解人脸识别技术在生活中的应用。

2. 理解人脸识别的基本过程及方法。

3. 运用人脸识别技术解决实际生活问题。

一、人脸识别的概念

【实践活动】

体验手机的人脸识别解锁功能，总结人脸识别的主要过程。

【知识讲堂】什么是人脸识别

人脸识别是指利用分析比较人脸视觉特征信息进行身份鉴别的一种技术，属于生物特征识别技术的一种。通过前面对图像识别的介绍，我们可以将人脸识别的主要过程简要概括为人脸数据采集、人脸检测、人脸特征提取和人脸匹配识别 4 个主要步骤。

二、人脸数据采集与检测

1．人脸图像采集

采集的人脸图像质量会直接决定识别的准确度，图像质量的主要评价因素有以下几种。

（1）图像大小：过小会影响识别效果，过大会影响识别速度。

（2）光照环境：过强或过暗的光照环境都会影响人脸识别效果。

（3）模糊程度：运动中的人图像会模糊，影响识别效果。

（4）遮挡程度：五官无遮挡、脸部边缘清晰的图像为最佳。

（5）采集角度：人脸为正脸最佳。

人脸检测的目的是寻找图片中人脸的位置。我们在使用数码相机或手机给人拍照的时候，在人脸处会出现一个个方框，这表明设备检测到了人脸，如图 12-2 所示。

图 12-2　设备检测到了人脸

2．人脸检测

【交流讨论】机器如何辨别检测到人脸？

识别出人脸对人类来说是非常容易的事情，而对于机器来说就不那么容易了。前面介绍过，图像在计算机中存储的是二进制数字，而不是图像的具体内容。那么机器是怎么识别出人脸的呢？这要从人脸的五官特征说起。

人脸上有眉毛、眼睛、鼻子和嘴巴，虽然千人千面，但有一点却是共同的，就是五官的分布规律是一致的，机器在检测人脸时就利用了这一特点。

在卷积提取特征部分，介绍了图像在计算机中的存储方式是像素点阵，每个像素点是用数值来表示其颜色，不同的图像所对应的数字矩阵也有差异。因此，机器在检测人脸时，五官在数值分布上会呈现出一定的特征，这样不管图像中的哪个位置，只要它出现这种特征，就可以判断它是人脸，如图 12-3 所示。所以，计算机在进行检测之前需要存储人脸的五官特征模型，并且通过训练对模型不断完善，这样计算机就能检测出图像中的人脸了。

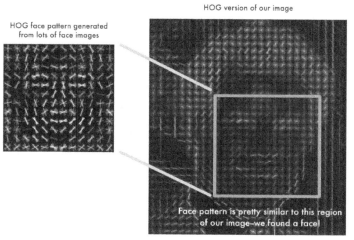

图 12-3　机器检测到的人脸特征

【实践活动】卷积提取人脸特征

图 12-4a 是 32×32 像素的人脸灰度图，通过对它卷积运算处理可以比较清晰地辨认出眼、鼻、口等区域的特征。

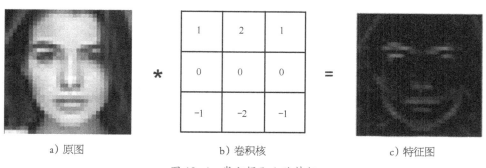

　　a）原图　　　　　　　　　b）卷积核　　　　　　　　c）特征图

图 12-4　卷积提取人脸特征

【实践活动】人脸检测

在前面体验人脸识别的案例中，有一个步骤为加载计算机中预存的人脸模型，接着是滑窗检测，有一个小方框从图像左上角依次扫描到右下角，这个过程就是检测图像中像素点的特点，如果有和预存的人脸模型特征类似的像素点阵，就表明图像中有人脸，进而可以定位人脸。

微课

下面通过活动来体验机器的人脸检测。

（1）在浏览器中输入"涂图"人脸检测网址，可以看到系统预存照片的人脸检测效果，如图 12-5a 所示。

（2）单击图片下方【本地上传】按钮，找到自选的人脸图像，等待几秒，可以看到机器检测到的人脸，检测结果如图 12-5b 所示。

a）默认图片人脸检测　　　　　　　　　　b）自选图片人脸检测

图 12-5　体验机器的人脸检测

三、人脸的特征

【实践活动】描述人脸特征

请同学们两人一组，相互观察面部特征，将对方的特征填在表 12-1 中，也可以在参考特征选项中选择。

表 12-1　人脸特征

五官	特征	部分参考特征选项
脸型		圆脸、方脸、鹅蛋脸、瓜子脸……
眉毛		浓密、稀疏、粗、细……
眼睛		大眼睛、小眼睛、单眼皮、双眼皮……
鼻子		高鼻梁、矮鼻梁、大鼻子、小鼻子……
嘴巴		大嘴、小嘴、薄嘴唇、厚嘴唇……

在描述人的五官时，我们经常会见到瓜子脸、柳叶眉、樱桃小嘴等特征词语，可以形象地识别不同的人脸，特征点也成为机器识别人脸的重要依据。

机器检测到人脸后，还要在检测出的矩形框内进一步找到眼睛的中心、鼻子和嘴角等关键特征点。然后通过几何变换（旋转、缩放等），使各个特征点对齐（将眼睛、嘴等部位移到相同位置），也就是人脸对齐，如图 12-6 所示。

图 12-6　人脸特征提取

为什么要进行人脸对齐？人脸对齐是将不同角度的人脸图像对齐成同一种标准的形状，来消除人脸大小、旋转等对识别产生的影响。此外还要对人脸核心区域进行光亮度方面的处理，消除光强弱、偏光等影响。

接下来对已对齐的人脸进行编码，人脸编码可以区分出不同人脸的关键特征。在编码时，人脸图像的像素值会被转换成紧凑且可判别的特征向量（见图 12-7），这也被称为模板（template）。理想情况下，同一个主体的所有人脸都应该映射到相似的特征向量。

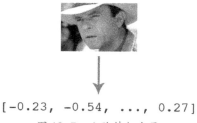

[-0.23, -0.54, ..., 0.27]

图 12-7　人脸特征向量

【拓展阅读】特征向量

特征向量可以简单地理解为事物特征的一种数学描述，以向量的方式表达出来。那么向量又是什么呢？我们知道数字可以用来比大小，例如 10 斤的西瓜比 8 斤的要重。其中的数字 10 和 8 叫作标量，无论是你的体重还是年龄，都是用标量来表示的。

相对标量，向量不但能表述大小，还能表述方向。例如，你要走向教室中的某一张课桌，不仅要知道你离课桌有多远，还要知道它的方向在哪里。那么如何表示向量呢？我们可以用空间直角坐标系里带有方向的线段表示，起点在原点，箭头的终点是目标点，如某张课桌。线段的长度可以表示向量的大小，而箭头的方向就是向量的方向了。如图 12-8 所示，我们给出了两个向量，(2,3)，(-2,-3)。可以看出，这两个向量其实大小是一样的，但是方向完全相反。

为什么向量能表示特征呢？向量还可以看成由多个标量组成。例如，一个人的年龄是 70 岁，而另一个人的年龄是 10 岁，那么年龄标量就体现出了这个人的特征，但是有时候我们需要不仅用一个指标来评价一个人，这就需要用向量啦。例如，我们想评价几个学生的性格是否有相似的地方，可以设计一个打分评价规则，如表 12-2 所示。

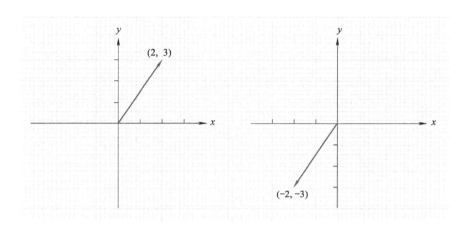

图 12-8　向量方向

表 12-2　打分评价规则

	结识新朋友	热闹的场合
非常喜欢	2	2
喜欢	1	1
一般	0	0
不喜欢	-1	-1
非常不喜欢	-2	-2

那么几个学生的得分也可以列一个表（见表 12-3）。

表 12-3　性格的特征向量

	结识新朋友	热闹的场合	特征向量
甲	2	1	(2,1)
乙	1	2	(1,2)
丙	-2	-1	(-2,-1)

我们将三个学生的特征向量在坐标系里画出，如图 12-9 所示，可以看出，虽然三个向量的长度都一样，但是甲和乙的方向明显更靠近，而丙和他们的方向就差得很远。所以

我们说甲和乙的性格是一类（外向型性格），而丙的性格是另一类（内向型性格）。你还能想出其他两种性格特征，通过这种形象方式对不同学生的性格进行分类吗？

通过这个小例子，可以通俗地总结一下，对多种特征数值，我们可以构建特征向量来表达一个复杂的特征。依据特征向量的相似程度可以对事物进行分类。

3. 人脸特征点定位

人脸特征点定位的目的是在人脸检测的基础上，进一步确定脸部特征点（眼睛、眉毛、鼻子、嘴巴、脸部外轮廓等）的位置。那么多少个点可以描述人的五官特征呢？不同的数据库提供的特征点数目也不相同，如 68 点、78 点、81 点、106 点等等，一般来讲，数目越多能够越清晰地描述人的五官特征。图 12-10 是一张 68 个人脸关键点的标注图像。

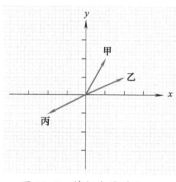

图 12-9　特征向量对比

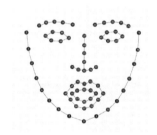

图 12-10　人脸的关键特征点

【实践活动】人脸特征点检测

（1）打开"涂图"网站，选择【人脸标点】，为了看清标点的位置，可在图片区域右侧的"标点数"选项下选较多数量的点，如 69 个，默认图片的标点结果如图 12-11a 所示。

（2）对自选的人脸图像进行标点，单击图片下方的【本地上传】按钮，找到自选的人脸图像后单击【确定】按钮，等待几秒，检测结果如图 12-11b 所示。

4. 人脸匹配

在人脸识别中，最后一个环节是人脸匹配。前期在数据库中已经存放了已有人脸图像的数据集，当识别人脸时，会将提取到的特征点与数据集中人脸进行比较，从而得到一个相似度分数，分数越高，说明是同一个人的可能性越大，如图 12-12 所示。

a）默认图片人脸标点

b）自选图片人脸标点

图 12-11　人脸图像标点

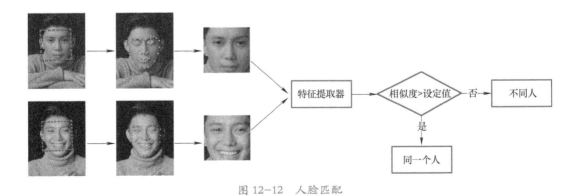

图 12-12　人脸匹配

【实践活动】人脸匹配

（1）打开"涂图"网站，单击【人脸比对】，可以看到系统默认的同一个人的两张不同风格的人脸照片，相似度较高。

（2）单击图片下方的【本地上传】按钮，找到图片文件夹，按住 <Ctrl> 键分别点选两张自备的人脸照片，单击【确定】按钮，等待几秒可以看到机器比对结果，示例选择了两张著名物理学家爱因斯坦的人脸照片，机器比对结果如图 12-13 所示，但机器误判为这很可能不是同一个人。

图 12-13　人脸匹配实例

【交流讨论】

尝试通过化妆和变换造型（如戴眼镜、戴帽子、戴口罩等）来变更或覆盖部分人脸特征，看看是否还能通过面部识别解锁手机？想想为什么？

【拓展阅读】人脸识别的应用

人脸识别技术在我们日常的学习生活中有着广泛应用。

（1）门禁系统：在某些特定区域，可以通过人脸识别认证进入者的身份，如小区、学校、写字楼等。

（2）安防监控：在银行、机场、商场等公共场所的对重点区域进行监视，以达到身份记录和异常行为识别的目的。

（3）网络支付：利用人脸识别辅助网络支付验证，防止银行卡盗刷、社保冒领等。

（4）学生考勤：一些重要考试将证件配合人脸识别来核实学生的身份信息。

（5）智能终端：解锁手机、刷脸进站、刷脸入园等智能终端设备。

（6）智能识别：很多具有拍摄功能的电子设备具有自动人脸识别和对焦功能。

四、编程实现人脸识别

利用"塔罗斯＋"显示框中显示出自己的年龄、性别、有无眼镜等人脸属性。

微课

（1）单击【图像采集】，选择【摄像头 预览】→【摄像头 拍照】，如图 12-14 所示。

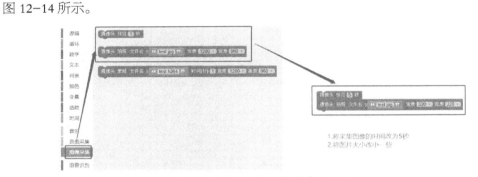

图 12-14　设置"图像采集"模块

（2）单击【人脸识别】，选择【人脸识别 识别】，如图 12-15 所示，注意：人脸识别的图片文件名与拍摄图片文件名需一致。

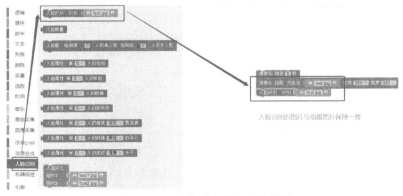

图 12-15　设置"人脸识别"模块

（3）单击【语音合成】，选择【语音合成】模块，如图12-16所示，删除【合成文本】。

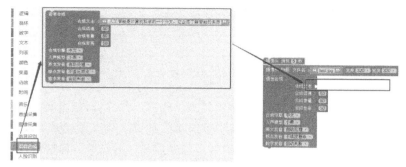

图 12-16　设置"语音合成"模块

（4）单击【文本】，选择【建立文本从】，如图12-17所示，将其接到【合成文本】后。

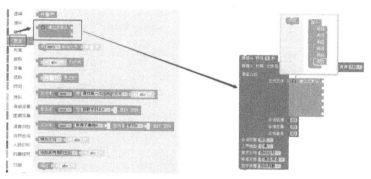

图 12-17　设置"文本"模块（1）

（5）单击【文本】，选择【模块】，将其拖动到如图12-18所示位置处。在文本输入框中分别输入："您的年龄是：""您的性别是：""眼镜状态是："。

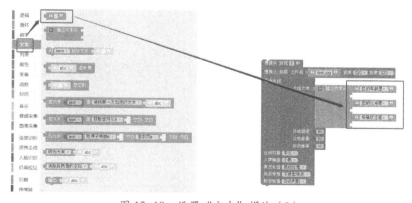

图 12-18　设置"文本"模块（2）

（6）单击【人脸识别】，选择【人脸属性 第 0 人的年龄】、【人脸属性 第 0 人的年龄】、
【人脸属性 第 0 人的眼镜】模块拖动到相应位置处，如图 12-19 所示。

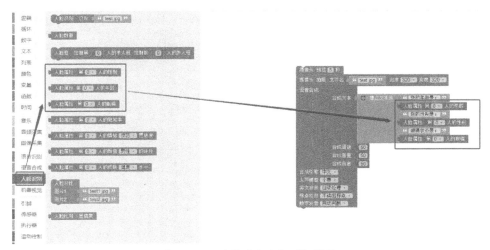

图 12-19　设置"人脸识别"模块

（7）完整程序如图 12-20 所示。

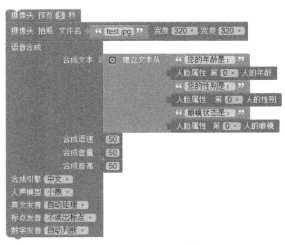

图 12-20　完整程序

【实践活动】人脸照片修复

既然化妆和覆盖部分人脸特征后，人工智能技术仍能把人脸识别出来，
那么人脸的照片如果缺失一些特征，机器能不能把人脸图像修复并准确地还

微课

原这些特征呢?

实践 1：先抹去少量人脸特征，与修复的人脸进行对比。

（1）打开图像修复（IMAGE INPAINTING）网站，选择【开始（Let's Get Started）】，如图 12-21 所示。

图 12-21　图像修复网站

（2）从本地上传一张人脸图片，如图 12-22 和图 12-23 所示。

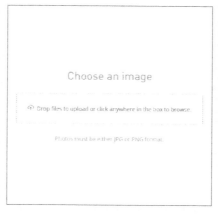

图 12-22　上传图片界面

（3）直接涂抹去少量面部特征，如图 12-24 所示。

（4）单击【应用模型（Apply Model）】，右侧可以看到修复后的人脸图片，如图 12-25 所示。

图 12-23　上传图片成功　　　　　　　图 12-24　抹去少量面部特征

实践 2：抹去较多的人脸特征，再看修复的效果，再逐渐减少抹去的特征，看修复效果的变化

（1）重复实践 1 中的步骤（1）、（2），抹去图片中大量面部信息，如图 12-26 所示。

图 12-25　修复后人脸与抹去面部特征对比图　　　图 12-26　涂抹图片中大量面部信息

（2）确定应用模型，并对比原图和修复后图片，如图 12-27 所示。

图 12-27　对比原图（左图）和修复后图片

课后练习

1. 人脸识别是否能分辨出长相相似的双胞胎?

2. 使用本人照片能否解锁具有面部识别功能的手机？为什么?

3. 利用人脸识别技术开发出换脸软件，能够将视频中的人进行换脸，你觉得这项技术有哪些风险?

第 13 章　察言观色——情绪识别

美国加州理工学院的研究人员和某娱乐公司合作开发了一种观影人面部表情识别技术，在电影放映时使用红外摄像机捕捉观众的面部表情来分析他们的情绪，如有多少人在笑、他们的眼睛有多宽、面部做出的不同表情等，如图 13-1 所示。根据足够的数据信息，能准确评价观影人对电影的实际感受，还可以预测后面可能的反应等。

人的情绪真的可以被机器识别吗？本章内容将会为你揭晓答案。

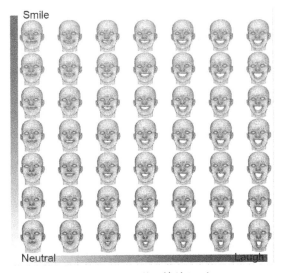

图 13-1　观影人情绪识别

【学习起航】

1. 了解面部表情识别及在生活中的应用。

2. 掌握情绪识别的基本方法和工作过程。

3. 通过程序实现简单的面部表情识别。

人的情绪千变万化，最常见的有喜、怒、哀、乐、惊恐等，在日常生活中，人们会通过一些情绪把心里的感受表达出来。从婴幼儿成长为一个成年人的过程中，思维、认知会发生巨大的变化，能够妥善管理自己的情绪同时能够正确地辨别他人的情绪可以使我们生活得更加幸福。

一、人类的情绪

情绪综合了我们的感觉、思想和行为等多个状态，包括人对自身或外界刺激产生的心理反应和生理反应。人工智能中的情绪识别是研究机器通过获取人表达出的信息来判断用户情绪状态的技术，面部表情识别是情绪识别的一种重要方式。面部表情识别是指机器通过面部皮肤下肌肉运动特征识别出人的情绪。

【实践活动】

1. 表达自己的情绪

若要研究让机器识别情绪，我们先来思考一下自己是如何表达情绪的。请用使用不同方法表达自己此时此刻"高兴"（忧伤／惊恐／……）的心情

方法一：_____

方法二：_____

方法三：_____

2. 感受他人的情绪

人们可以用表情、语言、动作、文字等方式表达内心的情绪，请观察图 13-2 中的 4 幅人脸表情图片，我们给出了 6 个选项，说一说他们各表达出怎样的情绪？（情绪选项有：A. 厌恶，B. 高兴，C. 愤怒，D. 恐惧，E. 惊讶，F. 悲伤）

  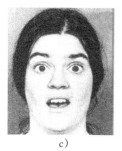 

a)　　　　　　　b)　　　　　　　c)　　　　　　　d)

图 13-2　表情图

【拓展阅读】人类的情绪

英国生物学家查尔斯·达尔文在 1872 年出版的《人类和动物的表情》一书中就提出情绪识别的相关知识，他认为人的情绪和表情是天生的、普遍的，人们能够识别来自不同文化、种族的人的情绪和表情。

20 世纪 60 年代起，心理学家提出人类具有 6 种基本表情：高兴、愤怒、恐惧、悲伤、厌恶和惊奇。也有一些心理学家认为：情绪的表达和识别是后天习得的，具有文化和个体的差异性。

二、情绪识别的方法

表情是世界通用语，不分国界、种族和性别，大家同用一套表情，可真正读懂表情并不简单，面部表情识别是根据表情与情绪间的对应关系来识别不同的情绪。在特定情绪状态下人们会产生对应的面部肌肉运动和表情模式，如心情愉悦时嘴角上翘、眼部会出现环形褶皱，愤怒时会皱眉、睁大眼睛等。

【交流讨论】五官识别情绪准确吗

请同学们尝试单纯根据某些五官状态，辨别图 13-3 所示的一组人脸局部图所代表的信息，并填写到表情下方的括号中。

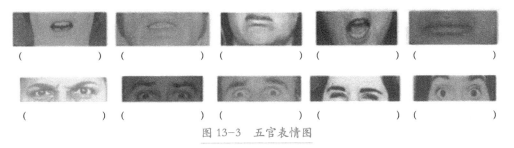

（　　　）（　　　）（　　　）（　　　）（　　　）

（　　　）（　　　）（　　　）（　　　）（　　　）

图 13-3　五官表情图

当眼睛和嘴巴一起呈现时，我们往往能比较容易地识别人们表现出来的情绪状态，如图 13-4 所示，有时候仅仅通过一条关键信息就可以准确识别情绪，接下来我们来看一看机器的识别情绪过程。

机器识别面部表情至少有三个关键步骤，如图 13-5 所示。

图 13-4　机器识别面部表情

图 13-5　面部表情识别情绪的过程

（1）人脸检测与预处理。检测到输入的人脸后，要将不同图像中的人脸对齐，进行旋转、缩放、降噪等预处理，同时将不同光照条件、不同姿势的图片统一化。

（2）表情特征提取。面部表情是由面部肌肉的收缩产生的，从而导致人脸的某些部位，如嘴角、眼睑、眉毛等皮肤表面的凹凸或皱纹等变化，表情特征提取需要在大量的人脸信息中快速提取有助于准确辨别情绪的五官特征信息。

（3）表情分类识别。根据特征提取所获得的信息，使用特定的算法分类器将输入的人脸图像确定为某种基本表情，从而识别出对应的情绪是什么。

基于深度学习的情绪识别方法可以更好地进行特征提取与表情分类，对优化权值进行迭代更新，提取出人类不易观察到的关键点和特征，让识别出的情绪更准确。

【拓展阅读】识别情绪的其他常用方法

由于人类的情绪可以通过多种方式表达，相应地也有不同的人工智能识别情绪方法，例如通过文本、语音、动作、生理信号等方法进行识别，下面再介绍几种情绪识别的方法。

微课

1. 通过文本识别情绪

通过文本识别情绪是文本理解的一种应用，如图 13-6 所示，有一些词语对表达情绪有指示性，例如"开心""愉悦""幸福""垂头丧气""心灰意冷""怒不可遏"等。通过文本识别情绪的方法有很多种，其中比较容易理解是关键词法，如图 13-7 所示，先对语句分词，提取语句中的词或短语，然后计算词或短语出现的频率，通过算法确定关键词，再根据关键词的意义识别情绪，最后输出结果。

图 13-6　通过文本识别情绪

图 13-7　通过文本识别情绪的过程

2. 通过生理信号识别情绪

基于生理信号的情绪识别方法主要有两类：第一类是基于自主神经系统的情绪识别，这种识别通过测量心率、呼吸等生理信号识别对应的情绪状态；第二类是基于中枢神经系统的情绪识别，这种识别方法通过分析不同情绪状态下大脑发出的不同信号来识别相应的情绪。

基于自主神经系统的生理信号虽然无法伪装，也能够得到真实的数据，但是由于识别情绪的准确率低且缺乏合理的评价标准，因此在实际中应用较少。基于中枢神经系统的情绪识别同样不易伪装，并且比生理信号识别方法的识别率高，因此越来越多地应用于情绪识别的研究中。

三、情绪识别的应用

情绪识别在特定领域有着重要的应用，例如，刑侦工作中，可以通过情绪分析掌握犯罪嫌疑人心理活动，加快破案速度；商场对顾客进行消费情绪监测，了解顾客消费态度，分析顾客的消费欲望以及商品受欢迎程度；智慧课堂软件通过分析学生学习的情绪状态及时调整授课难度和内容；对司机疲劳驾驶等异常行为和情绪进行分析，并及时提醒司机，以免酿成恶果。

不过很多情况下，人的情绪特征并不明显，如动嘴角、眨眼睛等，甚至有些人会刻意隐藏自己的情绪，针对这些情况机器能正确识别吗？答案是肯定的，宁波阿尔法鹰眼开发的表情识别技术能够准确捕捉到人脸中情绪变化的波动，并且将其识别出来，还能识别出一些有意掩盖自己真实情感人的情绪，做到去伪存真。

【交流讨论】

1. 讨论微表情识别的效果与应用

生活中人们的脸上经常会出现一闪而过的微表情，往往做表情的人和观察者都很难察觉到。例如人们高兴时嘴角会稍稍翘起，恐惧时瞳孔会微微放大。阿尔法鹰眼机器人就是利用微表情进行情绪识别的，请你观看阿尔法鹰眼参加《机智过人》节目的视频片段，了解其工作方法，体会其工作过程，说一说它的情绪识别效果及其应用场合。

扫一扫看视频

2. 了解情绪识别的最新研究进展

读一读下面例子的提示信息，从中选择几条查找更多的相关资料，说一说其先进之处与不足之处。

（1）微软小冰对话系统通过对话中的语义，确定说话者当前情绪。

（2）Pepper 机器人根据人的面部表情和语调的方式识别情绪。

（3）IntraFace 软件通过识别面部特点感知人的情绪。

（4）Realeyes 通过网络摄像头或智能手机识别面部情绪。

（5）Emotient 可以识别更细微和复杂的表情，如焦虑、沮丧。

（6）IBM 推出感知人类情绪的在线客服系统，准确判断用户的情绪，提供更好的服务。

（7）Mira 机器人根据人的动作表情，随着晃动身体并且变化颜色。

【实践活动】编写情绪识别小程序

1. 编写程序识别情绪

试用"塔罗斯+"编写一个程序，让机器可以识别并说出情绪是否为"高兴"。

微课

（1）打开编程软件，单击【图像采集】，选择【摄像头 预览】→【摄像头 拍照】，如图 13-8 所示。

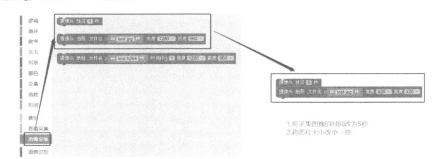

图 13-8　摄像头预览、拍照模块

（2）单击【人脸识别】，选择【人脸识别 识别】，注意：人脸识别的图片文件名与拍摄图片文件名需一致，如图 13-9 所示。

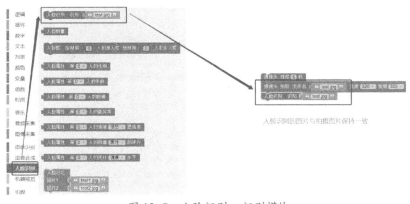

图 13-9　人脸识别－识别模块

（3）单击【逻辑】，选择【如果 执行】模块。单击该模块的设置图标，将【否则】按图 13-10 所示拖动到右侧。

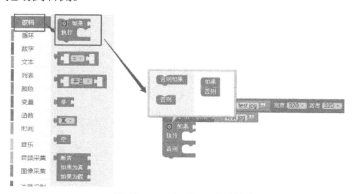

图 13-10　如果 - 否则模块

（4）单击【逻辑】，选择【 = 】模块，将"="改为">"，如图 13-11 所示。

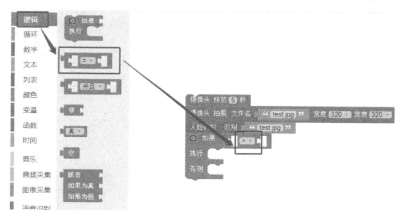

图 13-11　逻辑关系">"模块

（5）单击【人脸识别】，选择【人脸属性 第0人的情绪 愤怒 置信度】模块，如图 13-12 和图 13-13 所示，情绪可选择"愤怒""厌恶""恐惧""高兴""平静""伤心"或"惊讶"。

（6）单击【数字】，选择【0】模块拖动到图 13-14 所示位置处，并将数字 0 改为数字 50。

（7）单击【语音合成】，选择【语音合成】模块。将【合成文本】中的文字修改为"您看起来很愤怒!"，如图 13-15 所示。

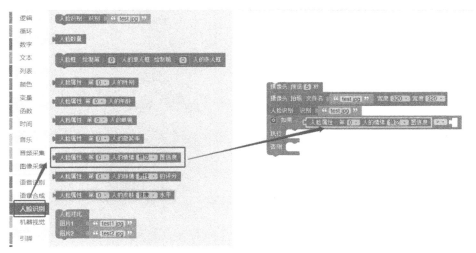

图 13-12 人脸属性 – 置信度模块

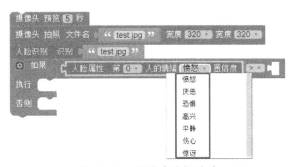

图 13-13 置信度选择菜单

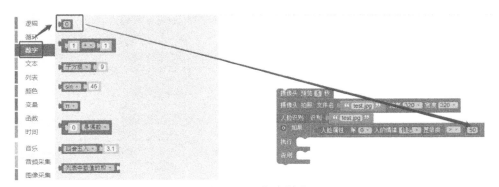

图 13-14 数字模块

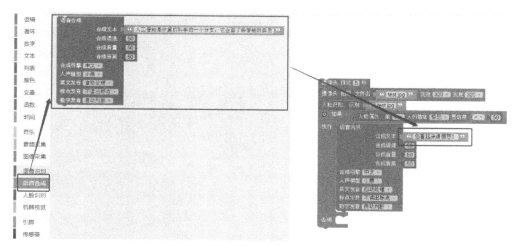

图 13-15　设置语音合成文本

（8）重复步骤（7）。将【合成文本】中的文字修改为"您看起来很平静!"，如图 13-16
所示。

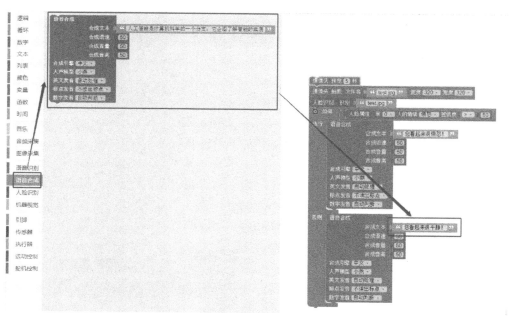

图 13-16　设置"否则"分支中的语音合成文本

（9）完整程序如图 13-17 所示。

2. 搭建和训练情绪识别模型

在"MIT APP INVENTOR"学习平台中搭建和训练情绪识别模型，并使用该模型识别情绪。

（1）进入 MIT APP INVENTOR，如图 13-18 所示。

微课

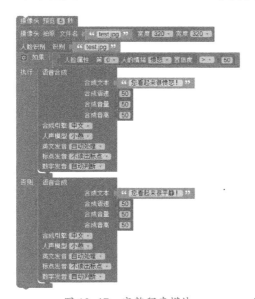

图 13-17　完整程序模块

图 13-18　MIT APP INVENTOR 网络学习平台

（2）输入个人图像分类器的地址并打开摄像头，如图 13-19 所示。

图 13-19　个人图像分类器页面

（3）如图 13-20 所示，使用【添加标签】（"Add label"）为模型添加表情，如"微笑""惊讶""皱眉"。

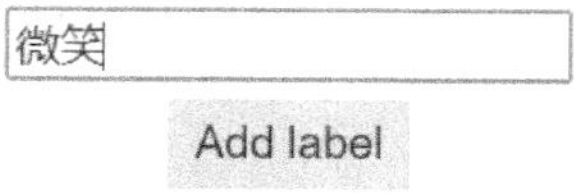

（4）为表情标签添加实例。单击已添加的表情标签【微笑】，在摄像头前做好表情，单击【添加实例】（"Add Example"），用同样的方法为其他标签添加实例，如果对添加的实例照片不满意还可以删除重新添加，如图 13-21 所示。

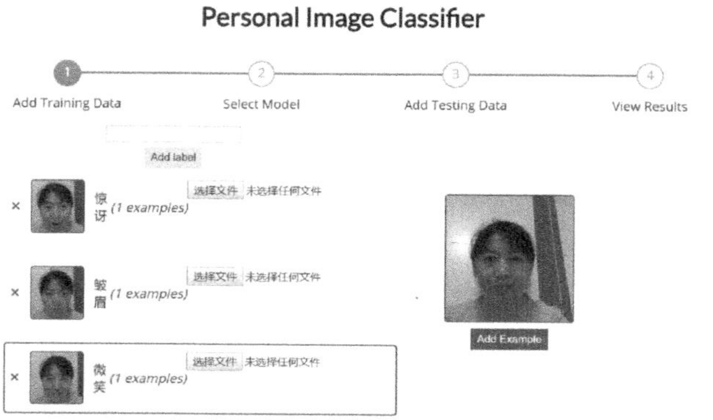

图 13-20　添加标签

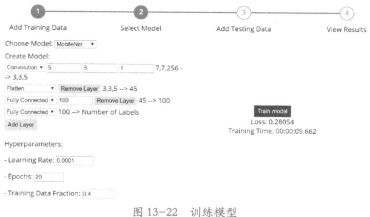

图 13-21　为表情标签添加实例

（5）单击【下一步】（"Next"）进入选择模型页面设置模型的详细信息，在这里也可以使用默认参数，然后单击【训练模型】（"Train model"），如图 13-22 所示。

图 13-22　训练模型

（6）为模型添加测试数据。选择模型中已添加的标签，例如"微笑"，在摄像头前做好测试表情，单击【添加实例】（"Add Example"），一个表情标签中可以添加多张测试照片。所有标签的测试数据都添加完毕后单击【预测】（"Predict"），模型对测试数据进行预测识别，如图 13-23 所示。

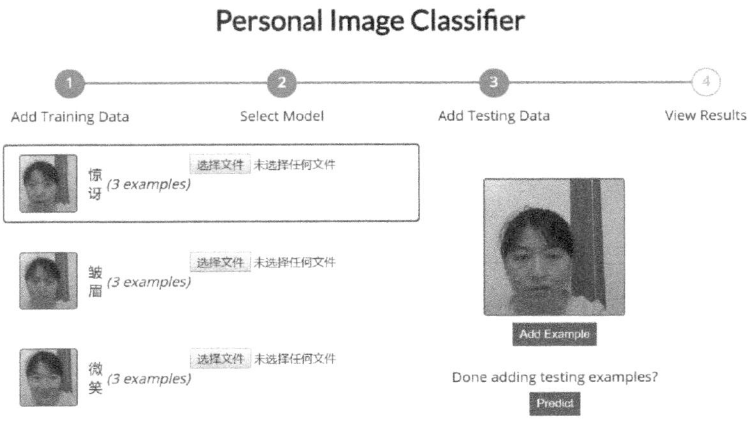

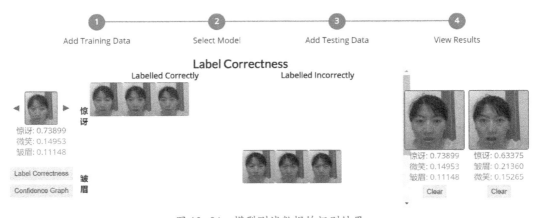

图 13-23　为模型添加测试数据

（7）单击【下一步】（"Next"），查看模型测试数据的识别结果。单击【标签正确性】（Label Correctness）和【置信度图】（Confidence Grahp）分别从标签的【正确性】和【置信度】查看测试结果，如图 13-24 和 13-25 所示。

图 13-24　模型测试数据的识别结果

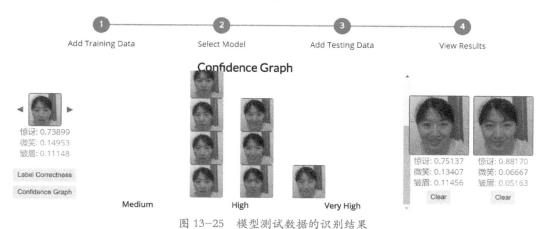

图 13-25　模型测试数据的识别结果

（8）单击【下载模型】（"Download Model"），下载并保存模型。

课后练习

1. 研究机器通过获取人的某些特征信息来判断情绪状态的技术是_____。

2.【多选题】情绪识别的方法有（　　　　）。

A. 通过面部表情识别情绪

B. 通过文本识别情绪

C. 通过语音识别情绪

D. 通过生理信号识别情绪

3. 在《机智过人》节目中，一位 8 岁的小男孩制作了一个狗的情绪识别软件，帮助"铲屎官"了解狗狗的需求。请你也编写一个情绪识别程序，并将它应用到某一生活场景。

第 5 单元

人工智能伦理

第 14 章　善恶有名——技术的两面性

我们在观看网络视频的时候，经常会收到广告弹窗，有些广告内容似曾相识，可能与此前浏览的内容有关，智能推荐系统会根据自动分析的结果推荐你喜欢的商品。人们在享受着人工智能技术带来的高效和便利的同时，也担心会发生隐私数据获取、算法偏见甚至做出错误判断的情况，希望同学们能够通过本章的学习意识到人工智能技术可能存在的风险。

【学习起航】

1. 理解人工智能技术具有两面性。

2. 了解并识别人工智能技术可能带来的负面影响。

一、偏见与隐私

同学们可能看过根据作家刘慈欣的同名小说改编拍摄的科幻电影《流浪地球》，这不仅是我国科幻电影的一个新突破，也描绘出了未来人类生存面临的诸多不确定性。电影中，人工智能机器人"莫斯"是"领航者"空间站中的人工智能助手，"流浪地球"计划与"火种"计划的监督者和执行者，当地球快要被木星捕获，而"流浪地球"计划快夭折时，"莫斯"决定放弃地球上的人类，来保护存有人类和其他生物基因的空间站。主人公刘培强及时识破"莫斯"的叛逃计划，毁掉了"莫斯"系统，自己去引爆木星的大气层。

"莫斯"的决定错了吗？为什么"莫斯"会做出这样的决定？

《流浪地球》中莫斯决定带着空间站"叛逃"，这对于它来说也许是对的。可以看出保护人类、保护空间站、保护自己都是莫斯的算法目标，在它没有其他更好解决方案的情况下，做出这种决定竟然符合机器的判断逻辑。

【交流与讨论】人工智能偏见

在一些科幻电影里，冷漠又残酷是人工智能机器人的典型形象，它们从来不会考虑什么是人情世故，如前面提到的"莫斯"系统。

然而，现实中人工智能技术却不像电影里那么没有"人性"，比如短视频 APP 可以计算出浏览者可能喜欢的视频内容类型，根据你的喜好准确地推荐更多的视频内容。

人工智能中的"歧视"和"偏见"确实存在。下面这些都是真实发生的例子，请通过小组讨论，判断它们可能是在算法的哪些环节产生了偏见？

- 加纳裔科学家 Joy Buolamwini 发起了"性别阴影（Gender Shades）"项目，发现三个著名的人脸识别产品，均存在不同程度的女性和深色人种"歧视"（即女性和深色人种的识别正确率均显著低于男性和浅色人种），最大差距可达 34.3%。
- 2016 年，美国微软公司的 AI 聊天机器人 Tay 上线。但在和网民聊天时却被"教坏"，被灌输了许多脏话甚至是种族歧视思想，在上线不到一天就被微软公司紧急下线了。
- 英国达勒姆警方使用了数年的犯罪预测系统，将黑人是罪犯的概率定为白人的两倍，还喜欢把白人设定为低风险、单独犯案等。

【知识讲堂】用户画像

我们处于被算法包围的在线社会时代，具有学习能力的算法也在潜移默化地改变着人们的生活。从帮我们决定看什么新闻到成为阅卷老师辅助判断我们的考试成绩。在未来，人工智能甚至可能参与量刑，也可能成为裁决能否被录用的面试官……人工智能在带给我们便利的同时，还担任了决策者的角色。此时，我们不禁要问，人工智能可以保证公平吗，算法会不会存在某些偏见。

同学们，请你留意在手机购物、观看视频的时候，程序会向你推荐哪些内容？实际上很多 APP 都使用了个性化推荐算法，会根据你的浏览记录，包括点击内容、点击次数、浏览时长、是否拒绝同类型推荐等因素来判断你的喜好，并使推荐越来越精准。

个性化算法推荐，一方面能在海量繁杂的信息里，把合适的内容信息推荐给需要的用户，另一方面由于算法推荐导致人们偏向只浏览自己所关心的信息，屏蔽了其他重要信息，长此以往，用户的眼界、视野也会变得狭窄，形成"信息茧房"。

用户画像是指根据用户的属性、偏好、生活习惯、行为等信息，抽象出来的标签化用户模型。通俗说就是给用户打标签，而标签是通过对用户信息和行为数据分析而来的高度精练的特征标识。通过高度概括、容易理解的特征来描述用户，可以快速对用户归类，方便软件推荐迎合用户需求的信息。

【实践活动】防不胜防的隐私保护

选择一个人工智能技术或者应用人工智能的 APP 进行讨论，分析可能存在的隐私泄露问题？与同学或家长进行讨论并记录，尝试写出更多的可能性。

示例：地图导航软件中会自动记录经常往返的地点，如家到学校，智能程序可能会判别我是一名学生，潜在风险是人工智能会根据这些数据推送流行玩具广告

_____

_____

【实践活动】给同学"画像"

下面一起来做个游戏吧！请你选择一个同学为假设的"目标用户"，完成一幅用户画像（见表 14-1），让其他同学猜一猜这是谁。

表 14-1　对学生的用户画像

基本特征	兴趣特征	爱好特征
性别	喜欢书籍	饮食爱好
着装特点	艺术兴趣	运动爱好
其他特征		

【拓展阅读】疫情之下的健康画像

测体温、扫描二维码登记……在新型冠状病毒肺炎疫情防控期间，我们使用的行程大数据记录小程序或北京地区使用的"健康宝"小程序（见图 14-1），也是用户画像的一种特例——健康画像。虽然我们的身份信息、出行信息、到访信息都被系统获取了，但是有公信力的部门会确保这些数据的隐私安全，正是由于对这些数据的精确获取和分析，才为疫情的科学防控提供了技术保障。

日常生活中，语音识别、图像识别使身份认证在短短几秒就能证明"你就是你"；智能诊疗和自动驾驶更让人们看到了战胜疾病、减少甚至杜绝事故的希望；人工智能还可以轻松战胜围棋高手，写出优美的诗句。但是，随之而来的是数据被泄露所带来的隐私被侵犯，此时就面临着伦理上的挑战。

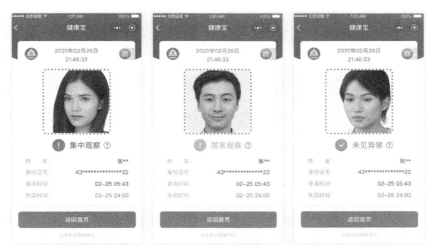

图 14-1　北京地区使用的"健康宝"小程序

2020 年 10 月，据央视报道，在某网络交易平台上，用 2 元就可以购买到上千张真实人脸照片，5000 张人脸照片的价格还不到 10 元，当记者进一步寻问客服人员是否有版权时，却无法提供任何版权证明材料！

【交流与讨论】换脸 APP 串红背后的思考

2019 年 8 月，一款换脸 APP 通过朋友圈迅速走红，用户只需要上传自己的照片就可以通过人工智能技术将热门影视剧的人物换成自己的脸，并且可以非常方便地将视频通过朋友圈分享。但是，多数用户并没有留意到这款应用在用户协议中还有这样几句话："您同意或确保实际权利人同意授予该 APP 及其关联公司以及该 APP 用户全球范围内完全免费、不可撤销、永久、可转授权和可再许可的权利"。换句话说，上传后的人脸图像信息将不再属于个人隐私。

但是多数用户只是出于有趣和跟风，并没有注意隐私保护条款的细节，好在有关部门及时叫停了该应用的下载和使用。

二、权利和义务

相关部门高度重视人工智能带来的隐私泄露和伦理问题，也提出了促进人工智能行业和企业自律，切实加强管理，加大对数据滥用、侵犯个人隐私、违背道德伦理等行为的惩戒力度等要求。截至 2022 年 2 月，工信部已发布 21 批《关于侵害用户权益行为的 APP 通报》，其中不乏知名 APP。读者应通过本书所学到的知识和能力，努力提升自身的信息素养养成保护个人隐私的信息意识。

【交流与讨论】人工智能与人类的责权划分

通过自动驾驶内容的学习，我们了解到不需要人类司机过多干预的智能驾驶技术越来越多，但是，机动车自动驾驶过程中一旦出了交通事故，例如，追尾到前方人类驾驶员正常行驶的车辆，责任该由谁承担？车辆制造厂家、算法工程师还是自动驾驶车上的人？请就这个问题谈谈你的看法？

_____

_____

【实践活动】小程序中的伦理问题

人工智能技术使我们的生活变得丰富多彩。请你（或以组为单位）体验以下微信 AI 小程序中的一个，并在体验的过程中记录可能用到的人工智能技术，再和其他同学（或小组之间）讨论分析。

微信小程序清单：ARKie 设计助手、讯飞快读、AI 识别专家、百度 AI 体验中心、腾讯优图、AI 开放平台、猜画小歌、微软 AI 识图、多媒体 AI 平台

描述一下你体验的 AI 小程序，并写出可能运用到了哪些人工智能技术。

_____

_____

这个 AI 小程序的利益相关者都有哪些？哪些信息可能对利益相关者有用？

_____

_____

如果这项技术被不法分子所利用会怎样？

_____

_____

这款小程序对哪些特定的人群有帮助？怎么帮助到他们？

_____

这款小程序的人工智能技术可能还可以在哪些方面改进？可能会产生什么负面影响？

【交流与讨论】如何识破伪造的图像？

前面章节中提到过，StyleGAN 可以生成假的人脸肖像。随着人工智能技术的进步，使得伪造逼真的图像、视频和录音变得更容易，也会使假信息在网络上激增。能否采取一些措施来识破这些骗局呢？

如：某些照片可通过查看元数据来辨别。数字图像的元数据包括照相机的品牌和型号、照相机设置的光圈大小、拍照的日期和时间等。如果某个图像没有这些元数据，那么有可能是伪造图像，当然，一些图片为了更好地呈现效果也做了特别处理或剪裁，这种情况下元数据就缺失了。

你还能想到其他识别伪造图像的办法吗？

同时，人工智能以假乱真的技术也离我们越来越近，2017 年，一家名为琴鸟的公司开发出一项新技术，能够在学习一段 1 分钟音频样本后就可以模仿任何声音。某机器人公司的语音合成技术可以在听 10 段演讲人的音频后合成新的真人模仿音。

我们还要警惕不法之徒利用人工智能技术进行犯罪活动。近年利用人工智能技术欺骗甚至犯罪的事件时有发生。据英国《每日邮报》报道，英国某公司的一名高管被语音模仿软件诈骗约合 150 万人民币，诈骗者利用语音合成出该高管上司的声音、语调和口头语，并且没有被识破，因此汇出了这笔钱。2017 年，浙江绍兴警方侦破全国首例利用 AI 技术犯罪案，犯罪团伙通过人工智能技术训练机器，让机器能够识别出图片的验证码，并通过网站漏洞非法获取网站后台大量用户注册数据，从而实施诈骗，在该团伙被抓获的前 3 个月，已经提供验证码识别服务 259 亿次！

课后练习

1. 请你结合换脸 APP 的案例分析，如何理性防范手机 APP 泄露照片等重要个人隐私信息？并将你学到的知识和课堂讨论带到家庭中分享交流。

2. 在社交平台（如短视频、微博、朋友圈等）发布某些照片可能存在哪些隐私风险？人工智能程序可能会用它们来做什么？如何防范隐私泄露？请你填在表 14-2 中。

表 14-2　防范隐私泄露

照片类型	可能的隐私风险	人工智能可能会用来做什么	如何防范隐私泄露
有地点指示风景照			
人物照片			
带有个人信息照片（如准考证）			

3. 2017 年，沙特阿拉伯授予智能机器人索菲亚（Sophia）公民身份，也是世界首个获得公民身份的机器人，请你在了解索菲亚的功能及背景信息的基础上，谈谈授予机器人或人工智能公民身份将给人类社会带来哪些潜在风险和挑战。

附录

一、人工智能实验套件及"塔罗斯＋"软件

1. 硬件套件清单及安装

实验套件的硬件清单如下：

（1）树莓派 zero 主控 1 块，如图 A-1 所示。

（2）拓展板 1 块。

（3）麦克风阵列 1 块。

（4）摄像头 1 个。

（5）数字舵机或直流电动机 4 个，大然 AS15-ST 舵机如图 A-2 所示。

图 A1　树莓派主控图

图 A-2　大然 AS15-ST 舵机

（6）7.4V 锂电池 1 块。

（7）电池充电器 1 个。

（8）数据线：2Pin6 根、3Pin3 根、4Pin5 根。

（9）全向轮 4 个。

（10）底盘 1 个。

　　硬件套件的安装流程详见电子资源包附录文件夹中的硬件套件的安装流程说明文档，安装完成后的实验硬件套件如图 A-3 所示。

2."塔罗斯＋"软件的安装和使用

"塔罗斯＋"（Talos+）是专门为人工智能初学者和教学快速上手所研发的软件，软件将图形化编程和 Python 编程二者结合到了一起，基于 Blockly 开发，但书中涉及该软件的案例仅采用图形化编程作为示例。安装流程详见电子资源包中的说明文档或扫描二维码观看安装视频，安装完成的软件界面主要分成 6 个区域，如图 A-4所示。

图 A-3　安装完成后的实验硬件套件

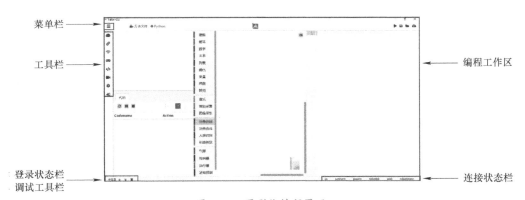

图 A-4　图形化编程界面

二、Python 编程环境的安装和配置

本书中的 Python 编程实例推荐使用 Anaconda 和 PyCharm 软件环境，安装和配置流程详见电子资源包中的说明文档或扫描二维码观看安装视频。

扫一扫观看计算机与机器
人连接教程

扫一扫观看配置环境视频

参考文献

[1] 王万森 . 人工智能原理及其应用 [M]. 4 版 . 北京：电子工业出版社，2018.

[2] S J RUSSELL, P NORVIG. 人工智能：一种现代的方法 [M]. 3 版 . 殷建平，祝恩，刘越，等译 . 北京：清华大学出版社，2013.

[3] 吕士楠，初敏，许洁萍，等 . 汉语语音合成原理和技术 [M]. 北京：科学出版社，2015.

[4] D JURAFSKY, J H MARTIN. Speech and Language Processing [M]. 2nd ed. Upper Saddle River: Prentice Hall, 2009.

[5] 曹健 . 图像目标的表示与识别 [M]. 北京：机械工业出版社，2012.

[6] 林开颜，吴军辉，徐立鸿 . 彩色图像分割方法综述 [J]. 中国图象图形学报：A 辑，2005，10(1): 1-10.

[7] M ELGENDY. Deep learning for vision systems[M]. New York: Simon and Schuster, 2020.

[8] I GOODFELLOW, Y BENGIO, A COURVILLE. Deep learning[M]. Cambridge:MIT press, 2016.

[9] P K PILLY, N D STEPP, LIAPISY, et al. Hypercolumnsparsification for low-power convolutional neural networks[J]. ACM Journal on Emerging Technologies in Computing Systems, 2019, 15(2): 1-16.

[10] R GONZALEZ , R WOODS. 数字图像处理 [M]. 4 版 . 北京：电子工业出版社，2000.

[11] Z DENG, R NAVARATHNA, P CARR, et al. Factorized Variational Autoencoders for Modeling Audience Reactions to Movies[C]. Proceedings of the2017 IEEE Conference on Computer Vision and Pattern Recognition (CVPR). New York: IEEE, 2017, 2577-2586.

[12] K GREGOR, I DANIHELKA, A GRAVES, et al. DRAW: A Recurrent Neural Network For Image Generation[C].Proceedings of the 32nd International Conference on Machine Learning,France: JMLR. org, 2015, 1462-1471.

[13] D TRAN, L BOURDEV, R FERGUS, et al. Learning Spatiotemporal Features with 3D Convolutional Networks[C]. Proceedings of the 2015 IEEE International Conference on Computer Vision.New York: IEEE, 2015, 4489-4497.

[14] M RASTEGARI, V ORDONEZ, J REDMON, et al. XNOR-Net: ImageNet Classification Using Binary Convolutional Neural Networks[C]. Proceedings of the 14th European Conference on Computer Vision. Berlin: Springer, 2016, 525-542.

[15] V BADRINARAYANAN, A KENDALL, R CIPOLLA. Segnet: A deep convolutional encoder-decoder architecture for image segmentation[C]. IEEE transactions on pattern analysis and machine intelligence,

2017, 39(12): 2481-2495.

[16] S HERSHEY, S CHAUDHURI, D P ELLIS, et al. CNN Architectures for Large-Scale Audio Classification[C].Proceedings of the 2017 IEEE International Conference on Acoustics, Speech and Signal Processing. New York: IEEE, 2017, 131-135.

[17] 周飞燕, 金林鹏, 董军. 卷积神经网络研究综述 [J]. 计算机学报, 2017, 40(06): 1229-1251.

[18] 卢宏涛, 张秦川. 深度卷积神经网络在计算机视觉中的应用研究综述 [J]. 数据采集与处理, 2016, 31(01): 1-17.

[19] 郑远攀, 李广阳, 李晔. 深度学习在图像识别中的应用研究综述 [J]. 计算机工程与应用, 2019, 55(12): 20-36.

[20] 常亮, 邓小明, 周明全, 等. 图像理解中的卷积神经网络 [J]. 自动化学报, 2016, 42(09): 1300-1312.

[21] 卢宏涛, 张秦川. 深度卷积神经网络在计算机视觉中的应用研究综述 [J]. 数据采集与处理, 2016, 31(01): 1-17.

[22] 张新钰, 高洪波, 赵建辉, 等. 基于深度学习的自动驾驶技术综述 [J]. 清华大学学报：自然科学版, 2018, 58(04): 438-444.

[23] 王科俊, 赵彦东, 邢向磊. 深度学习在无人驾驶汽车领域应用的研究进展 [J]. 智能系统学报, 2018, 13(01): 55-69.

[24] 钱小燕, 肖亮, 吴慧中. 快速风格迁移 [J]. 计算机工程, 2006(21): 15-17+46.

[25] 柴梦婷, 朱远平. 生成式对抗网络研究与应用进展 [J]. 计算机工程, 2019, 45(09): 222-234.

[26] 熊璋. 加强青少年信息素养教育的重要意义 [J]. 国家治理, 2016(03): 41-45.

[27] 杜静, 黄荣怀, 李政璇, 等. 智能教育时代下人工智能伦理的内涵与建构原则 [J]. 电化教育研究, 2019, 40(07): 21-29.